石油和化工行业"十四五"规划教材

食品工程伦理

Food Engineering
Ethics

徐勇将　主编

化学工业出版社

·北京·

内 容 简 介

食品工程作为一门涉及食品生产、加工和创新的学科，不仅需要关注科技进步和市场需求，也需要深思熟虑地思考伦理原则的应用和社会责任的承担。本教材重点从食品安全、食品生产、食品营养、食品工程职业伦理和创新等方面系统介绍了工程伦理在食品领域的应用和发展。本书通过伦理原则引导、案例分析和思考讨论等形式，深入研究食品工程的伦理相关问题。

本书可以作为食品科学与工程类专业本科生及研究生教材，也可供食品领域从事科研、理论应用及生产工作的科技人员参考。

图书在版编目（CIP）数据

食品工程伦理 / 徐勇将主编. -- 北京：化学工业出版社，2025.2. -- （石油和化工行业"十四五"规划教材）. -- ISBN 978-7-122-46977-9

Ⅰ.TS2；B82-057

中国国家版本馆 CIP 数据核字第 20243DU859 号

责任编辑：傅四周　李建丽　赵玉清　文字编辑：李宁馨　刘洋洋
责任校对：李　爽　　　　　　　　　　　装帧设计：韩　飞

出版发行：化学工业出版社
　　　　　（北京市东城区青年湖南街 13 号　邮政编码 100011）
印　　装：河北延风印务有限公司
710mm×1000mm　1/16　印张 11¼　字数 171 千字
2025 年 3 月北京第 1 版第 1 次印刷

购书咨询：010-64518888　　　　　　售后服务：010-64518899
网　　址：http://www.cip.com.cn
凡购买本书，如有缺损质量问题，本社销售中心负责调换。

定　　价：48.00 元　　　　　　　　　版权所有　违者必究

编 写 名 单

主编 徐勇将 江南大学
编者 (按姓名汉语拼音排序)
  陈　军 南昌大学
  刘夫国 西北农林科技大学
  王日思 江西农业大学
  杨海泉 江南大学
  张伟敏 海南大学

前　　言

食品工程是关乎人类发展与健康的学科。随着社会的发展和科技的进步，人们对食品质量、安全和应用的关注越来越多，而食品工程伦理作为一门新兴的学科，涉及食品生产、加工、质量控制、食品安全等各方面，具有重要的社会意义。

食品工程的发展，伴随着传统食品加工工艺的改变，新技术的应用，以及大规模生产对环境的影响等，这些都带来新的问题和挑战。因此，学习并应用工程伦理是我们应对食品工程发展带来挑战的重要解决方案。

本书从食品工程的伦理原则、安全问题、生产过程中的伦理考量、新技术带来的伦理挑战等方面展开论述。本书一共7章，由江南大学的徐勇将（第1章、第2章、第6章）、海南大学的张伟敏（第3章）、西北农林科技大学的刘夫国（第4章）、江南大学的杨海泉（第5章）和南昌大学的陈军、江西农业大学的王日思（第7章）几位同仁共同编写。各章分别对以下几个方面进行讲解：食品工程伦理概述、食品安全与工程伦理、食品工程的价值与公正、食品生产与环境伦理、食品营养和消费者伦理、食品工程职业伦理和食品工程创新的伦理。

在撰写及校正的过程中，我们本着科学求真的态度完成本书，限于作者水平，加之各领域技术更新很快，书中可能存在不妥之处，请读者批评指正。

主编　徐勇将

2024年11月

目　录

1　食品工程伦理概述 …………………………………………………… 001

引言 ………………………………………………………………………… 001
1.1　食品工程伦理的定义 ………………………………………………… 001
　　1.1.1　如何理解工程 …………………………………………………… 001
　　1.1.2　如何理解伦理 …………………………………………………… 004
　　1.1.3　食品工程 ………………………………………………………… 013
　　1.1.4　食品工程与工程伦理 …………………………………………… 016
1.2　食品工程伦理的重要性 ……………………………………………… 017
　　1.2.1　食品工程伦理的价值观 ………………………………………… 017
　　1.2.2　食品工程伦理的意义 …………………………………………… 018
1.3　食品工程伦理的挑战和展望 ………………………………………… 020
　　1.3.1　食品工程伦理面临的挑战 ……………………………………… 020
　　1.3.2　食品工程伦理的展望 …………………………………………… 021
　　1.3.3　食品工程师的责任 ……………………………………………… 023
本章小结与建议 …………………………………………………………… 024
参考文献 …………………………………………………………………… 024
参考案例 …………………………………………………………………… 025
思考与讨论 ………………………………………………………………… 027

2　食品安全与工程伦理 ………………………………………………… 029

引言 ………………………………………………………………………… 029
2.1　工程安全风险与伦理 ………………………………………………… 029
　　2.1.1　工程风险与安全 ………………………………………………… 029

  2.1.2　工程风险伦理评估 …………………………………………… 035
  2.1.3　工程风险的伦理责任 …………………………………………… 037
 2.2　食品安全的概念与重要性 ……………………………………………… 039
  2.2.1　我国食品安全现状 ………………………………………………… 039
  2.2.2　食品安全监管 ……………………………………………………… 040
  2.2.3　食品安全权 ………………………………………………………… 042
 2.3　食品安全伦理的原则和要求 …………………………………………… 045
  2.3.1　食品安全伦理基本原则 …………………………………………… 045
  2.3.2　食品安全伦理要求 ………………………………………………… 046
 2.4　食品安全管理中的伦理困境和解决方案 ……………………………… 048
  2.4.1　食品安全管理中的伦理困境 ……………………………………… 048
  2.4.2　食品安全伦理困境的解决方案 …………………………………… 051
本章小结与建议 …………………………………………………………………… 053
参考文献 …………………………………………………………………………… 053
参考案例 …………………………………………………………………………… 054
思考与讨论 ………………………………………………………………………… 058

3　食品工程的价值与公正　　059

引言 ………………………………………………………………………………… 059
 3.1　食品工程的价值及其特点 ……………………………………………… 059
  3.1.1　食品工程的价值导向性 …………………………………………… 059
  3.1.2　食品工程价值的多元性 …………………………………………… 062
  3.1.3　食品工程价值的综合性 …………………………………………… 064
 3.2　食品工程的对象及利益攸关方 ………………………………………… 065
  3.2.1　食品工程所服务的主要对象 ……………………………………… 065
  3.2.2　食品工程的利益攸关方 …………………………………………… 067
  3.2.3　食品工程实践中社会成本承担及管理 …………………………… 069
 3.3　公正原则在食品工程中的实现 ………………………………………… 071
  3.3.1　基本公正原则 ……………………………………………………… 071
  3.3.2　利益补偿机制 ……………………………………………………… 073
  3.3.3　利益协调机制 ……………………………………………………… 075

本章小结与建议 ·· 078
　　参考文献 ·· 078
　　参考案例 ·· 079
　　思考与讨论 ·· 080

4　食品生产与环境伦理 　　　　　　　　　　　　　　081

　　引言 ·· 081
　　4.1　环境伦理与食品生产 ································ 081
　　　　4.1.1　食品生产对环境的影响 ······················· 081
　　　　4.1.2　工程环境伦理 ······························· 083
　　　　4.1.3　环境伦理在食品生产中的作用 ················· 086
　　4.2　食品生产的环境伦理挑战与展望 ····················· 087
　　　　4.2.1　食品生产环境伦理的挑战 ····················· 087
　　　　4.2.2　解决方案和应对措施 ························· 087
　　　　4.2.3　环境伦理的未来发展趋势 ····················· 088
　　4.3　绿色食品生产与可持续发展 ························· 089
　　　　4.3.1　绿色食品生产和可持续发展的概念和目的 ······· 089
　　　　4.3.2　绿色食品生产和可持续发展的实践 ············· 090
　　　　4.3.3　绿色食品生产和可持续发展的未来发展趋势 ····· 091
　　4.4　食品环境伦理困境的解决方案 ······················· 091
　　　　4.4.1　增强环保意识和教育 ························· 092
　　　　4.4.2　加强环境监测与评估 ························· 093
　　　　4.4.3　规范产业行为 ······························· 094
　　　　4.4.4　倡导绿色生产与消费 ························· 095
　　　　4.4.5　加强国际合作和信息共享 ····················· 097
　　本章小结与建议 ·· 099
　　参考文献 ·· 100
　　参考案例 ·· 100
　　思考与讨论 ·· 101

5　食品营养和消费者伦理 　　　　　　　　　　　　　　102

　　引言 ·· 102

5.1 消费者伦理 …… 102
　　5.1.1 消费者伦理的准则 …… 102
　　5.1.2 消费者伦理的标准 …… 103
　　5.1.3 促进消费者伦理发展的措施 …… 105
5.2 消费者食品营养伦理 …… 106
　　5.2.1 消费者食品伦理的概念 …… 107
　　5.2.2 食品营养的消费者伦理 …… 108
　　5.2.3 消费者权益保护与食品伦理 …… 110
5.3 信息公开与透明度的伦理考量 …… 113
　　5.3.1 信息公开的伦理原则 …… 113
　　5.3.2 透明度的伦理原则 …… 115
　　5.3.3 信息公开与透明度的伦理关系 …… 117
5.4 食品标签与信息公开的伦理考量 …… 119
　　5.4.1 食品标签的伦理原则 …… 119
　　5.4.2 食品标签的伦理应用 …… 120
　　5.4.3 食品标签的伦理挑战 …… 121
　　5.4.4 应对食品标签的伦理困境 …… 122
5.5 食品标签与食品营养的伦理考量 …… 123
　　5.5.1 食品标签与食品营养的关系 …… 124
　　5.5.2 应对食品标签与食品营养伦理问题的方法和原则 …… 124
本章小结与建议 …… 125
参考文献 …… 126
参考案例 …… 126
思考与讨论 …… 127

6 食品工程职业伦理 …… 128

引言 …… 128
6.1 食品工程师与工程社团 …… 128
　　6.1.1 食品工程师 …… 128
　　6.1.2 食品工程社团 …… 129
　　6.1.3 食品工程职业制度 …… 131

6.2 食品工程职业伦理的内涵 ……………………………………………… 133
　　6.2.1 食品工程职业伦理的历史 …………………………………… 133
　　6.2.2 食品工程职业伦理的定义 …………………………………… 135
　　6.2.3 食品工程伦理实践指南 ……………………………………… 139
6.3 食品工程职业伦理冲突和管理 ………………………………………… 141
　　6.3.1 食品工程职业伦理困境 ……………………………………… 141
　　6.3.2 食品职业行为中伦理冲突的应对措施 ……………………… 145
本章小结与建议 ……………………………………………………………… 147
参考文献 ……………………………………………………………………… 147
参考案例 ……………………………………………………………………… 148
思考与讨论 …………………………………………………………………… 149

7 食品工程创新的伦理 150

引言 …………………………………………………………………………… 150
7.1 食品工程创新的基本概念 ……………………………………………… 150
　　7.1.1 食品工程创新的背景 ………………………………………… 150
　　7.1.2 食品工程创新的挑战与展望 ………………………………… 151
　　7.1.3 食品工程创新的社会经济意义 ……………………………… 152
7.2 食品工程创新的伦理风险和管理 ……………………………………… 154
　　7.2.1 食品工程创新伦理的原则 …………………………………… 154
　　7.2.2 食品工程创新伦理的风险 …………………………………… 156
　　7.2.3 食品工程创新伦理冲突的应对 ……………………………… 157
7.3 新技术与新产品推广的伦理评估与管理 ……………………………… 160
　　7.3.1 新技术推广的伦理评估与管理 ……………………………… 160
　　7.3.2 新产品推广的伦理评估与管理 ……………………………… 162
本章小结与建议 ……………………………………………………………… 164
参考文献 ……………………………………………………………………… 165
参考案例 ……………………………………………………………………… 165
思考与讨论 …………………………………………………………………… 168

1 食品工程伦理概述

引言

食品工程是一个涉及食品生产、加工和安全的重要领域,其中包含各种伦理问题。食品工程伦理不仅关乎个体的责任和道德准则,更影响着整个社会对食品安全和质量的信任和保障。本章将概述食品工程伦理的发展历史,阐述食品工程伦理的挑战及机遇,讨论食品工程师在实践中所面对的伦理挑战和对策建议。

1.1 食品工程伦理的定义

1.1.1 如何理解工程

工程是利用数学、科学原理和原则来设计、分析、制造和维护结构、机器、设备、系统或工艺的学科。工程学已发展成为一个极具广泛性和深度的学科领域,涵盖了从土木、机械、电气到化工、航空、计算机等各个方向。

1.1.1.1 工程与技术的异同

技术(technology)是利用科学知识和工具来创造产品、解决问题或满足人类需求的过程和手段。技术不仅包括硬件设备和软件系统,还涵盖各种方法、流程和技巧。广义的技术还涉及人类在科学、医学、艺术等领域应用知识的方式。

工程（engineering）是利用科学、数学和经验知识，进行设计、建造、测试并维护结构、机器、系统或工艺的学科。工程强调实践性和应用性，主要目标是通过创新和优化设计，解决实际问题并改善人类生活。

技术与工程彼此联系又有所区别。两者之间的共同点主要表现在以下四个方面。第一，技术和工程都基于科学知识。无论是技术开发还是工程设计，都需要理解基本的科学原理，如物理学、化学和数学等。第二，技术和工程的核心都是解决实际问题，提高效率并满足人类需求。例如，医疗技术旨在改善健康和医疗质量，而生物工程则利用科学和技术开发新的医疗解决方案。第三，技术与工程都高度依赖创新。技术进步推动工程的发展，而工程实践又促进新的技术发明和改进。例如，微电子技术的蓬勃发展推动了纳米工程的进步，反过来，纳米技术的新突破又带动了电子元件的小型化和性能提升。第四，技术和工程通常需要多学科的知识和合作。一个工程项目可能涉及材料科学、机械工程、计算机科学等多个领域，类似地，一个技术解决方案也可能需要融合不同学科的知识和技术。

虽然技术与工程彼此有着紧密的联系，但是两者也存在一定的差异。首先，两者的内容和性质不同。技术以发明为核心活动，体现为人类改造世界的方法、技巧和能力；工程是以建设为核心的活动，是人类利用自然的资源，应用一切技术的生产、创造和实践。其次，两者的成果性质和类型不同。技术活动的成果主要形式是发明、专利、技术技巧和技能；工程活动的主要形式是物质产品、物质设施，直接显现为物质财富本身。再次，两者的活动主体不同。技术活动的主体主要是发明家，工程活动的主体包括工程师、工人、管理者和投资方等所有工程参与人。最后，两者的任务、对象和思维方式不同。技术是探索，是带有普遍性、可重复性的特殊方法。工程项目是一个相对独立完整的活动单元，具有独一无二的特征。因此，技术为工程提供了工具和方法，工程通过实践应用推动技术进步，从而形成从广泛的科学基础到具体的应用实现。

1.1.1.2　工程的过程

工程项目是一个复杂的系统性过程，通常包括五个主要环节：计划、设计、建造、使用和结束。这五个环节相互关联，共同构成了项目的完整生命周期。每个环节都有其具体的任务和目标，确保项目按计划、高效且安全地进行。

计划（planning）环节是工程项目的初始阶段，主要任务是确定项目的目标、范围、可行性和资源需求。计划是整个项目生命周期的基础，良好的规划是项目成功的关键。设计（design）环节是在项目规划完成后进行的，主要任务是将需求转化为详细的设计方案。设计是工程项目的重要阶段，它决定了项目的具体实施方案和技术路线。建造（construction）环节是将设计转化为实际工程实体的过程。这个阶段包括施工准备、现场施工、质量管理和安全管理等内容。使用（operation）环节是指工程项目建成后的运营和维护阶段。这个阶段的主要任务是确保工程设施的正常运行、性能稳定和使用寿命。结束（closure）环节是工程项目生命周期的最后阶段，在工程使用期之后，需要进行报废处理，即工程的结束环节。工程项目的计划、设计、建造、使用和结束五个环节，构成了项目的完整生命周期。每个环节都有其独特的任务和目标，相互衔接、密切配合，共同推动项目的成功实施。

1.1.1.3 工程的维度

工程是一个复杂而多维的领域，其影响和作用远远超出单纯的技术层面。为了全面理解工程的本质及其在社会中的角色，我们需要从多个维度来解读工程。这些维度包括哲学维度、技术维度、经济维度、管理维度、社会维度、生态维度和伦理维度。每个维度都提供了不同的视角和方法，帮助我们更完整地理解工程实践的复杂性和多样性。

工程的哲学维度关注工程实践背后的基本原理和价值观。这个维度探讨了工程与人类知识、科学方法、技术创新之间的关系，以及工程活动对人类经验和存在的影响。哲学维度强调工程不仅仅是一种技术行为，而且是一种人类活动，其背后有着深刻的思想和文化底蕴。技术维度是工程最直接、最核心的部分，它涉及工程设计、开发、测试和实施过程中所采用的工具、方法和流程。技术维度关注如何利用科学知识解决实际问题，创造新产品和新系统。工程活动具有显著的经济影响，涉及成本、收益、投资、资源分配等经济因素。经济维度探讨了工程在经济系统中的角色，以及如何通过工程活动实现经济效益最大化。管理维度关注工程项目的组织、协调和控制，确保项目在预算、时间和质量等方面达到预期目标，包括项目管理、风险管理、资源管理等方面的内容。工程对社会有深远的影响，涉及社会结构、文化、公共政策及社会福祉等方面。社会维度探讨了工程活动如何影响人与社会，如何通过工程解决社会问题。工程活动对自然环境有重要影响，生态维度关注工程项目的环境影响和可持续性。这个维度探讨了如何通过工程实践保护环境、节约资源，实现可持续发展。工程伦理是指工程实践中涉及的道德和伦理问题，包括工程师的职业道德、社会责任、诚信与透明度等方面。伦理维度强调工程活动的道德约束和社会责任。

工程的多个维度反映了其复杂性和多样性。在实际工程实践中，这些维度不是孤立的，而是相互关联、相互影响的。全面理解工程的多维特性，能够帮助工程师、决策者、研究者更好地应对挑战，做出更科学、合理和负责任的决策。正是这些多维度的视角，使得工程不仅仅是一种技术活动，更是一门兼具科学性和人文性的综合实践。

1.1.2 如何理解伦理

1.1.2.1 伦理立场

道德和伦理是两个在日常生活中经常被提及的概念，它们在很多方面相互交织，但又存在本质的区别。道德通常指的是个人或社会群体基于内心信念和情感所形成的价值判断和行为准则。它是一种内在的、主观的标准，指导人们如何区分对错、善恶，以及如何在不同的情境下做出选择。道德往往与个人的良心、责任感和社会习俗有关，是人们在社会互动中逐渐形成并传承的非正式规范。伦理则是指一套系统的、理性的原则和规则，用于指导和评价行为是否符合特定的道德标准。伦理学是哲学的一个分支，它通过逻辑推理和批判性思维来探讨道德问题，试图为道德判断提供理性的基础。伦理学关注的是如何制定和应用这些原则，以及它们在不同文化和社会中的普遍性。

在道德和伦理学领域中，有许多不同的伦理立场被用来评判行为的正当性和善恶。这些立场包括功利论、义务论、契约论和德性论等。每一种立场都有其独特的方法和理论基础，用以理解和评判人类行为的伦理价值。

(1) 功利论

功利论是由杰里米·边沁（Jeremy Bentham）和约翰·斯图尔特·穆勒（John Stuart Mill）等人发展起来的一种伦理立场，其核心原则是追求最大化的幸福或福利。功利论者认为，一个行为的道德价值取决于它所产生的结果，特别是它对幸福或痛苦的影响。换句话说，行为的好坏是由其结果的善恶来判断的。

(2) 义务论

义务论，又称为道义论，以伊曼纽尔·康德（Immanuel Kant）为代表。康德认为，道德不仅仅是关于追求结果或最大化幸福，而更是关于我们的行为是否符合道德法则和义务。义务论强调行为的固有正确性，而不是结果带来的好处。

(3) 契约论

契约论的主要代表有托马斯·霍布斯（Thomas Hobbes）、约翰·洛克（John Locke）和让-雅克·卢梭（Jean-Jacques Rousseau）。契约论者认为，道德规范和社会公正来源于人们之间的社会契约，是人们为了共同利益所达成的协议或共识。

(4) 德性论

德性论起源于古希腊，以亚里士多德为主要代表。不同于关注行为结果或行为本身的道德规范，德性论强调人的品德和德性。亚里士多德认为，道德生活的目标是实现人的"幸福"或"卓越"（eudaimonia），这依赖于培养和实践美德。

不同的伦理立场提供了多维度、多视角的道德评判标准。功利论注重结果，追求最大化的幸福；义务论强调行为是否符合道德法则和义务；契约论关心社会契约和共同利益；德性论致力于人的品德和美德发展。这些伦理立场不仅丰富了我们的道德哲学，也为实践中的道德决策提供了多样化的理论支持和指导。每个立场都有其适用范围和局限性，理解和综合不同的伦理视角，能帮助我们更全面地看待复杂的道德问题。

1.1.2.2 工程伦理问题

工程实践是一个复杂而动态的过程，涉及的人、技术和环境相互交织，在这个过程中往往面临各种伦理问题。这些伦理问题通常可以归纳为技术伦理问题、利益伦理问题、责任伦理问题及环境伦理问题。这些问题不仅仅关乎工程师的职业道德，更涉及公众利益、社会公正及环境可持续发展。

(1) 技术伦理问题

技术伦理问题指的是在工程实践中，技术的发展与应用可能带来的道德和伦理困境。技术工具论者认为，技术是一种手段，本身并无善恶。技术自主论者认为，技术具有自主性。科学知识社会学等相关领域学者则认为，不仅技术，就连我们作为客观评价标准的科学知识也是社会构建的产物，与人的主观判断和利益紧密相连。工程技术活动本身就具有人参与性，即技术系统也是通过人与自然、社会等外界因素发生相互作用的过程。所有相同的技术，因为建造者和使用者的不同，建造的工程和技术使用后果也会不同。因此，工程技术的运用和发展离不开道德评判和干预。

(2) 利益伦理问题

利益伦理问题涉及工程项目中各利益相关方的利益分配和利益冲突。在工程项目中，经常会出现不同利益相关方之间的利益冲突。例如，公司在追求利润最大化的同时，如何平衡员工的福利和消费者的权益？在这种情况下，工程师和管理层需要做出道德判断，确保各方利益的公平分配，避免出现因为利益冲突而导致的不公正行为。

(3) 责任伦理问题

责任伦理问题强调工程师和工程公司在其行为和决策中应对社会、环境和未来世代负有的责任。工程师在其职业实践中，承担着巨大的专业责任。他们的决策可能会对整个社会产生广泛和深远的影响。除了解决技术问题，工程师还应考虑其工作的社会影响。例如，面对一些较贫困地区的工程项目，工程师应当考虑如何通过技术手段改善当地居民的生活条件，而不是仅仅关注商业利益。这种社会责任要求工程师在设计和执行项目时，考虑其工作的社会公平性和可持续性。

(4) 环境伦理问题

环境伦理问题涉及工程活动对自然环境的影响，包括污染、资源消耗和生态破坏等。工程项目在施工和运营过程中可能会产生各种形式的污染，如空气污染、水污染和土壤污染。工程师需要考虑如何通过技术手段减少污染排放，采取环境友好的技术和材料，确保项目对环境的负面影响最小化。如何在工程实践中节约资源，提升资源利用效率，是一个重要的伦理问题。例如，绿色建筑和可持续能源技术的推广，旨在降低建筑行业的能源消耗，提高资源使用效率。工程项目的实施可能会破坏当地生态系统，例如砍伐森林、改变河道和土地利用方式等。工程师需要评估项目的生态影响，采取措施保护生物多样性，维持生态平衡。例如，在道路建设中，应考虑动物迁移通道的设计，减少对动物栖息地的破坏。

在工程实践中，伦理问题无处不在，涉及技术的应用、利益分配、责任承担和环境保护等多个方面。工程师不仅需要具备专业的技术能力，还需要具备强烈的道德意识和社会责任感，以科学的态度和人文关怀处理复杂的伦理问题。这不仅是为了确保工程项目的成功，更是为了实现可持续发展，维护社会公正和环境的和谐平衡。只有这样，工程实践才能真正为人类社会的进步和福祉作出贡献。

1.1.2.3　工程伦理问题的特点

工程伦理问题具有鲜明的特点，包括历史性、社会性和复杂性。理解这些特点有助于更好地认识和处理工程实践中的伦理问题，从而推动工程技术的可持续发展。工程伦理问题的历史性特点表现在不同时期和社会背景下，其内容和形式可能发生显著变化。随着技术进步和社会发展，不同历史阶段的工程伦理问题有其独特的表现形式。在早期的工程实践中，如罗马帝国的道路和桥梁建设，伦理问题主要集中在工程质量和劳动力使用方面。那时的工程师需要确保建筑物的安全性和持久性，避免因设计和施工问题导致的灾难。但是，由于技术和工程管理水平的限制，人们对于环境保护和劳动者权益的关注较少。工业革命带动了机械制造、电力和运输等领域的飞速发展，同时也引发了一系列新的伦理问题。例如，工业污染、工人劳动条件恶劣和安全事故频发成为当时社会关注的焦点。工程师和企业面临的伦理挑战不仅包括技术上的创新和效率提高，还涉及如何减少工业活动对环境的负面影响，如何保障工人的健康和安全。进入信息化时代，随着计算机技术、互联网和人工智能的发展，工程伦理问题再次发生变化。隐私保护、数据安全、人工智能的伦理决策等问题逐渐成为关注重点。例如，如何避免大数据技术引发的隐私泄露风险，人工智能系统是否应当具备伦理判断能力等均成为工程师和伦理学家探讨的重要议题。

工程伦理问题的社会性特点表现在其涉及诸多利益相关者，包括工程师、企业、政府、公众和环境等。这些利益相关方的需求和利益各异，且常常相互冲突，需要通过广泛的社会对话和协商来达成共识。工程实践中的利益相关者不仅包括项目的直接参与者如工程师和企业，还包括受工程影响的社会群体和自然环境。例如，一个大型基础设施建设项目不仅关系到工程公司的经济利益，还涉及当地社区的福祉、环境保护和社会公正。各利益相关者可能有不同甚至对立的利益诉求，这使得工程伦理问题具有复杂的社会性。社会对工程师和工程公司的伦理期待逐渐提高，不再仅仅局限于技术水平和经济效益，还要求其具备社会责任感。例如，公众期待公司在追求利润的同时，能够考虑环境保护、社会公平和社区发展。这种期待反映了社会对工程师和企业伦理责任的提升，要求其在工程实践中考虑更广泛的社会影响。面对多方利益相关者，工程项目需要进行科学的利益协调和伦理决策。例如，一个大型工业项目可能会为当地带来经济发展，但也可能导致环境污染和居民健康问题。在这种情况下，如何在经济效益与社会成本之间找到平衡，确保各方利益的公平分配，是工程伦理中的一项重要课题。

工程伦理问题具有高度的复杂性，这种复杂性表现在多种影响因素的交织和相互作用，不同维度的问题融合在一起，需要综合考虑和系统分析。现代工程技术日益复杂，各种先进技术的广泛应用使得伦理问题变得更加难以预测和处理。例如，自动驾驶技术涉及车辆安全、交通规则、道德决策等多个方面。工程师在研发和应用这类技术时，需要综合考虑多方面的伦理风险和后果，采取全面的措施保障技术的安全和道德性。工程活动与环境密切相关，其影响范围广泛、持续时间长。例如，水坝建设不仅改变了河流生态系统，还可能影响当地气候、地质和居民生活。因此，工程师需要在项目规划和实施过程中充分评估和预测环境影响，采取有效措施保护生态环境，这往往要求跨学科、跨领域的合作与研究。工程问题往往嵌入在复杂的社会结构和文化背景中，不同社会群体对同一工程项目可能持有不同的态度和立场。例如，高速铁路建设过程中，沿线居民可能担心噪声污染和拆迁问题，而决策者则更多关注经济和社会效益。如何在这样复杂的社会环境中达成共识，实现工程目标，同时尽可能减少负面影响，是一项巨大的挑战。工程伦理问题还涉及复杂的法规和政策背景。不同国家和地区的法律法规和政策可能存在差异,工程师在跨国项目中需要熟悉和遵守不同的法律要求,同时考虑法律与伦理之间的关系。例如,一些地区可能对环境保护的要求较高,工程项目需要投入更多资源进行环境影响评估和保护。

1.1.2.4 工程伦理问题的处理方法

对于每位工程行为者而言,处理好工程实践中的诸多伦理问题,不仅仅表现为一个形式化的遵循伦理规划的过程,还表现在行为者在实践过程中经过反思、认识后的调整和变通。所以,工程行为者需要了解工程伦理问题处理的基本原则,辨识工程伦理问题,根据基本思路采用对应的处理方法。

(1) 工程伦理问题处理的基本原则

工程伦理问题处理的基本原则是指导工程师和工程项目在实施过程中做出正确伦理决策的重要依据。这些原则不仅仅是抽象的道德规则,更是实际操作中的具体指南,有助于平衡技术、社会和环境等多方面的利益。处理工程伦理问题的基本原则包括人道主义、社会公正和人与自然和谐发展等。

人道主义原则强调在工程实践中应优先考虑人的基本权利和尊严,保障人的安全、健康和福祉。这是工程伦理的核心原则之一,要求工程师在设计、施工和运营过程中始终以人为本。社会公正原则强调工程实践应促进社会公平与正义,平衡不同社会群体的利益,尤其关注弱势和边缘化群体的权益。这一原则确保工程项目不仅追求经济效益,更关注社会影响和责任。人与自然和谐发展的原则要求工程实践应尊重和保护自然环境,实现可持续发展。这一原则基于环境伦理,强调人类活动与自然生态系统的平衡与共生。

(2) 工程伦理问题的辨识

工程伦理问题在现代工程实践中愈发受到重视。辨识这些问题不仅有助于防范潜在的风险,还能提升工程项目的社会责任感和道德标准。在讨论工程伦理问题的辨识时,需要回答两个关键问题:何者面临工程伦理问题?何时出现工程伦理问题?通过对这两个问题的剖析,可以全面了解工程伦理问题的形成背景和解决途径。

工程伦理问题不仅影响特定的个人或群体,而且广泛波及各种各样的利益相关者。这些利益相关者可以大致分为以下几类。

工程师与技术人员：工程师与技术人员是工程伦理问题的直接面对者。他们在设计、开发、施工和维护过程中做出的决策直接影响工程项目的伦理表现。例如，在设计桥梁时，工程师需要考虑结构安全和材料选择，这不仅是技术问题，更是重大伦理问题。如果为了节约成本忽视安全规范，可能会导致桥梁崩塌，造成严重事故。

项目管理者与企业：项目管理者和参与工程的企业同样面临着工程伦理问题。他们承担着项目整体的规划、资源配置和协调工作。管理者需要权衡项目成本、进度和质量之间的关系，同时还需要考虑社会责任和环境影响。例如，一个建筑公司在城镇建设中必须权衡开发新住宅区与保存历史遗迹之间的矛盾，确保项目不损害文化遗产。

政府与监管机构：政府与监管机构在工程项目中扮演着重要角色，他们通过制定和执行法律法规来监督项目的合规性和伦理性。政府不仅承担着社会公共利益的保护职责，还需要在审批和监管过程中防止工程项目对环境和社会的负面影响。例如，环保部门可能会要求进行环境影响评估（EIA）以确保项目不会对自然生态系统造成不可逆转的破坏。

公众与社区：工程项目直接影响着公众与社区，他们的权益和生活质量常常与项目的伦理表现直接相关。公众对于工程项目可能持有不同的意见和期望，工程师和项目管理者需要倾听公众的声音，平衡不同利益群体的需求。例如，在开采矿产资源时，项目团队需要考虑当地居民的健康和生活环境，避免因矿山开采导致的环境污染和生态破坏。

工程伦理问题可能在工程项目的不同阶段出现，从早期规划到后期运营，各阶段都有可能面临独特的伦理挑战。

项目规划与可行性研究阶段：在项目的规划与可行性研究阶段，工程师和规划者需要进行充分的背景调查，评估项目的社会和环境影响。这一阶段是预防伦理问题的关键时期。如果在项目初期忽视了一些潜在的伦理风险，后续阶段可能会面临重大挑战。例如，在建造一条高速公路时，如果未能全面评估对沿线社区和生态环境的影响，可能会导致拆迁纠纷和环境破坏。

设计与开发阶段：在设计与开发阶段，涉及具体的技术实现和参数选择，这直接关系到工程项目的安全性、可持续性和伦理性。工程师必须在设计过程中综合考虑各方面的因素。例如，在高层建筑的设计中，需要考虑结构抗震性能、消防安全和节能环保等多维度的伦理问题。忽略这些因素可能导致重大安全隐患或资源浪费。

施工与实施阶段：施工与实施阶段也是工程伦理问题频发的阶段。在这一阶段，工人的劳动条件、安全保障、施工对环境的影响等问题尤为突出。施工时的噪声、粉尘、废水等排放可能对周围居民和环境造成不良影响。例如，在施工过程中，如果不严格遵守环保标准和施工规范，可能会导致严重的环境污染和资源浪费，甚至引发法律诉讼和社会抗议。

运营与维护阶段：工程项目的伦理问题并不会在施工结束后消失，运营与维护阶段同样面临许多挑战。例如，一个化工厂在运营过程中必须严格遵守环保标准，定期监测废气、废水排放；一个核电站需要确保设备的安全性和稳定性，避免放射性物质泄漏的风险。此外，老化的设备和设施也需要及时维护和更换，以保障公共安全和保护环境。

项目结束与废弃阶段：工程项目在其生命周期结束时，面临的伦理问题同样值得重视。例如，废弃的工业设施和污染场地需要进行科学合理的处理，以防止对环境和社区的长期负面影响。工程师和管理者需要制订详细的废弃计划和恢复措施，确保废弃物的安全处置和污染场地的有效治理。

（3）工程伦理问题处理的基本思路

在现代工程实践中，工程伦理问题的处理不仅关系到技术的成败，更关系到社会的公平、环境的保护和人类福祉的提升。面对复杂多变的工程环境，如何有效处理工程伦理问题成为每个工程师和项目管理者必须重视的课题。一般来说，可通过以下五个方面解决所面临的工程伦理问题。

① 培养工程实践主体的伦理意识。工程师作为工程实践的主体，其伦理意识的培养是处理工程伦理问题的首要步骤。伦理意识不仅关乎个人的道德判断，更直接影响工程决策的社会责任感和可持续发展理念。

② 利用伦理原则与具体情境相结合的方式化解伦理问题。在实际工程实践中，单纯依靠伦理原则难以解决所有问题，必须结合具体情境，灵活运用各种原则以化解伦理难题。工程师应在实践中将伦理原则与具体情境相结合，进行综合判断。例如，在设计一个大坝时，需要平衡水资源利用和生态环境保护的矛盾，既要确保供水需求，又要保护鱼类的栖息环境，这就需要结合伦理原则和实际情况进行权衡。底线原则指的是在任何情况下都不能逾越的最低伦理

标准。工程师在面对伦理困境时，应坚守这些底线原则，如不危害公众安全、不破坏环境、不侵犯基本人权等。在施工过程中，如果发现存在安全隐患，应立即停工整顿，而不是为了赶工期而忽视风险。

③ 多方听取意见，决策透明。面对难以抉择的伦理问题，多方听取意见是找到最佳解决方案的重要途径。工程项目往往涉及多方利益，工程师和项目管理者应广泛听取不同利益相关者的意见，包括公众、政府、非政府组织和学术界等。通过公众听证会、专家咨询和社会调查，了解各方的关注点和期望，确保决策的公平性和透明度。工程项目的决策过程应尽可能公开透明，确保各方能够了解项目的进展和决策依据。这样不仅可以增加项目的社会认可度，还能预防和化解潜在的伦理冲突。例如，在环境影响评估过程中，应公开评估报告，并允许公众和专家提出意见和建议。

④ 及时修正相关伦理准则与规范。工程实践是一个不断发展的过程，伦理问题也随之变化。因此，需要根据实践中的新情况、新问题，及时修正相关伦理准则与规范。建立实时反馈机制，收集和分析工程实践中的伦理问题和处理经验。例如，在项目实施过程中，设立意见箱或热线电话，方便工人和公众反馈问题和建议。根据收集到的反馈信息和经验教训，及时调整和更新伦理准则和规范，确保其与时俱进。例如，根据新兴技术的发展，如人工智能和大数据，对现有的伦理规范进行调整，确保这些新技术的应用符合伦理要求。

⑤ 建立遵守工程伦理准则的保障制度。要确保工程伦理准则在实践中得到遵守，必须建立一套有效的保障制度，涵盖从制度设计到实施监督的各个环节。在工程管理体系中，纳入伦理规范和要求，明确各级人员的责任和义务。例如，制定工程伦理手册，详细列出各项伦理要求和执行标准，并规定违规行为的处理措施。建立独立的监督机制，定期检查和评估工程项目的伦理合规情况。例如，设立工程伦理委员会，负责监督项目的实施情况，及时发现和纠正不符合伦理要求的行为。通过设立奖惩机制，激励工程师和管理者遵守伦理准则。对在工程实践中表现出色、遵守伦理规范的人员给予奖励，对违反伦理规范的行为进行严肃处理，形成良好的职业道德氛围。

1.1.2.5 工程伦理教育的发展

现代工程的规模越来越大，各种技术越来越综合，工程本身越来越复杂，对社会和自然的影响也越来越深远。大规模、综合性、复杂化及工程影响力日益成为现代工程的重要特征。纵观国际工程界，"将公众的安全、健康和福祉放在首位"已经成为普遍遵守的原则。

美国电气工程学会（电子与电气工程师协会 IEEE 的前身）、美国土木工程师学会（ASCE）分别在 1912 年和 1914 年制定了相关工程领域的伦理准则。第二次世界大战中，工程所发挥的强大建设力和破坏力引起工程师对环境问题和自身伦理责任的反思和重视。二战后，工程实践中的伦理问题才真正引起广泛关注。因此，《美国科学家通信》、美国科学家联盟等专门刊物和机构相继出现。20 世纪 70 年代末，工程伦理学作为一门学科得以确立，即"由那些从事工程的人们赞成的责任和权利以及在工程中值得期待的理想和个人承诺组成"。西方各工程社团的职业伦理章程构成了工程伦理的主要内容。

20 世纪 70 年代以来，美国、法国、德国、日本、英国等发达国家相继开展工程伦理教育。20 世纪 90 年代之后，工程伦理教育，提高工程师和其他工程实践者的社会责任，成为工程教育的重要方面。自 1994 年起，美国工程教育协会（ASEE）和美国国家科学基金（NSF）等分别发表了关于工程教育的相关报告，呼吁针对工程师面临的伦理问题，要加强工程伦理方面的教育。1996 年开始，美国注册工程师考试将工程伦理纳入"工程基础"考试范围，从而使工程伦理教育纳入教育认证、工程认证的制度体系。

相对于欧美发达国家，我国工程伦理教育起步较晚，20 世纪 90 年代，工程伦理教育开始引起国内学者注意。董小燕等人撰文介绍了美国、德国和日本等国家工程伦理教育情况。同时，曹南燕等相继发表文章讨论工程伦理教育的意义，呼吁开展工程伦理教育。之后，清华大学、大连理工大学、北京理工大学、西安交通大学等大学相继开设了工程法规和案例分析的课程。进入 21 世纪之后，工程伦理教育更受到工程界、教育界和政府相关部门的高度关注，必须在工程教育中全面推进工程伦理教育成为人们的共识。

1.1.3 食品工程

1.1.3.1 食品工程发展历史

食品工业作为一个直接关系国计民生的支柱产业，近几十年来发展迅速。

古代的饮食生活单纯，技术方面主要是栽培、狩猎、饲养和简单的加工贮藏。产业革命后，人们试图用科学原理解释过去的经验，并陆续开发了科学的保藏和贮藏方法以及优质食品的制造技术。从此，原来依靠手工的食品加工向大规模、连续化、自动化生产发展，出现了原料的粉碎、筛分、分级、分离和浓缩等加工技术工艺，逐渐形成了食品工程学雏形。

19世纪末20世纪初，随着工业革命的兴起和农业生产方式的改变，食品生产、加工和储存等环节面临新的挑战和需求。在这一时期，食品工程学逐渐成为一个独立的学科体系，并得到了学术界和工业界的重视。

1870年，美国科学家E. W. Wylie首次将"食品工程"一词正式提出，他将其定义为"利用科学原理和工程技术，改善和控制食品生产、加工和保存过程的学科"。此后，食品工程学逐渐发展成为一个独立的学科，并在20世纪得到了迅速发展和壮大。

20世纪初至中期，随着食品工业的迅速发展和科学技术的不断进步，食品工程学得到了更加广泛的应用和发展。各国相继建立了食品工程学院和研究机构，培养了大批的食品工程技术人员和研究人员，推动了食品工程学科的发展和壮大。

到了21世纪，随着信息技术的快速发展和全球化的进程，食品工程学面临着新的挑战和机遇。食品安全、食品质量、食品可持续发展等问题成了学科发展的重点和热点。同时，新技术的不断涌现也为食品工程学的发展带来了新的动力和机遇。

因此，食品工程将工程学、生物学、化学、营养学等多个学科的理论与方法应用于食品生产和加工的领域，涵盖了从食品生产、加工到食品安全和质量控制等多个环节，为营养健康食品的生产提供保障，实现食品工业的可持续发展。

未来食品生产和消费趋势与未来社会经济发展变化密切联系，如人口的增长、土地和人口向扩张中城镇的转移、粮食资源和能源的匮乏等。这些变化将逐渐成为地球规模上宏观影响社会经济发展的重要因素。因此，未来食品工程将在智能化生产、可持续发展、个性化定制、食品安全和国际合作等方面迎来更加广阔的发展空间。相信在全球科学家和工程师的共同努力下，食品工程学必将为人类的食品安全和健康作出更大的贡献，促进人类社会的可持续发展。

1.1.3.2 食品工程的特殊性

食品工程是一个涉及食品生产、加工、储存和配送等各个环节的多学科领域。与其他工程领域相比，食品工程具有其特殊性，不仅在工程过程和技术方面有所不同，在工程维度方面也体现了其独特之处。

食品工程实践核心目标是"以人为本"，生产出高质量、安全和健康的食品。因此，食品工程实践过程中每一个环节都需要从人的需求、健康、安全和体验出发，来进行科学合理的规划和实施。工程计划环节需要深入了解消费者的需求和偏好，同时高度重视食品的营养设计，确保新开发的食品能够满足营养需求，保证消费者的健康，另外还要严格遵守相关法律法规，如《中华人民共和国食品安全法》及一系列的卫生标准、营养标识法规等，以确保产品符合食品安全和健康要求。在食品工艺设计中，需考虑到加工过程对食品营养成分的影响。食品加工设备的设计需满足操作人员的安全和便捷需求。例如，考虑设备的人机工程学设计，确保设备操作简单且安全，减少工作人员的劳动强度和操作风险。设计环节要考虑工厂环境的舒适性，包括空气质量、温湿度控制、照明和噪声等，以提供良好的工作条件，保障员工身心健康。在工程建造过程中，需严格管理施工现场的卫生和安全问题，确保施工人员的健康和安全。高标准的设备安装和调试可以有效减少生产过程中可能出现的安全隐患。在建造过程中，也需重视施工环境对员工健康的影响。工程使用环节，实施严格的生产管理和控制体系，如 HACCP（危害分析与关键控制点）和 GMP（良好生产规范），保障生产过程中的食品质量和安全，保护消费者健康。对员工进行全面的培训，确保他们具备必要的技能并遵循卫生和安全操作规程。通过建立完善的信息追溯系统和透明化管理，让消费者能够了解食品的生产过程和来源，增进对产品的信任程度。通过开展消费者教育活动，帮助消费者理解食品安全和健康知识，提高饮食意识。在工程设施废弃和处置时，需优先考虑降低对环境和人类健康的影响。也可以考虑设备的再利用和升级，有助于减少资源浪费和环境负担，同时也能为员工提供更先进、更安全的设备，提高工作效率和安全性。

食品工程在工程维度上也体现出与其他领域工程的特殊性。第一，技术维度：食品工程涉及众多独特的技术，如食品加工技术、保鲜技术、食品添加剂的研发和应用等。这些技术不仅需要高精度的工程知识，还需要深厚的多学科交叉的知识。第二，经济维度：食品工程的经济影响非常广泛，涉及从农业经济到消费市场的整个产业链。第三，社会维度：食品工程直接关系到社会的基本需求，即食品安全与供应，这与其他工程如土木工程、机械工程等的社会影响区别明显。食品工程的社会责任更加突出，因为食物是人类生存的基本保障。第四，生态维度：食品工程对生态环境的影响不可忽视。从农业种植到生产加工，再到包装和运输，每个环节都需要考虑环境保护和可持续发展。例如，减少食品加工中的浪费、采用环保包装材料和优化资源利用等。第五，伦理维度：与其他工程不同，食品工程需要特别重视伦理问题，包括但不限于食品添加剂的使用、转基因食品的推广及保证食品透明性和公正性等。这些伦理问题直接关系到公众的健康和安全。综上所述，食品工程在工程实践过程、工程维度等方面显示出其不同于其他工程领域的特殊性。食品工程不仅需要多学科知识的交叉和融合，还需要对食品安全、公共卫生、伦理道德等方面有深入的理解。

1.1.4　食品工程与工程伦理

食品工程作为工程学的一个分支，自然也继承了相应的伦理挑战，同时因其直接关系到人类健康、环境保护和社会福祉等领域，所面临的伦理议题更具有特殊性和紧迫性。

社会的进步、科技的发展、食品安全问题、全球化食品贸易、消费者意识和可持续发展等因素都对食品工程伦理的发展起到了积极的推动作用。在食品工程伦理的发展中，制度的建设和监管的完善，以及伦理准则和评估方法的提出都起到了重要的指导作用。因此，食品工程伦理是指在食品工程的研究、设计、生产、加工和分销过程中，围绕伦理原则和价值观所进行的考量和实践。它包括但不限于确保食品的安全性和营养价值、保护环境、确保工作环境的公正和安全，以及促进社会福祉。

食品工程伦理的目的是指导食品工程师和相关从业者在其职业活动中做出负责任的决策，旨在平衡技术创新与社会、环境和经济责任之间的关系，确保食品系统的可持续发展。因此，为了确保食品工程的可持续发展和公正交易，食品工程师则需要遵循职业道德准则,提高职业素养和专业水平,保护消费者的权益,维护行业的声誉和形象,对社会和大众的福祉负责任。所以,食品工程师需要关注食品生产和加工过程中的安全和健康问题,确保食品价格公正、市场交易合法,保障消费者的公正交易权益,积极参与社会行业规范的制订和改进,推动食品工程行业朝着可持续发展的方向发展。

未来,随着社会的不断变迁和科技的发展,食品工程伦理将继续发展,并为食品工程师提供更好的指导和参考。我们需要加强食品工程伦理的教育和实践,从而创造出更加安全和可靠的食品。

1.2 食品工程伦理的重要性

1.2.1 食品工程伦理的价值观

食品工程伦理所遵守的道德和伦理观念是以为人类和环境造福为原则和准则,对于保护消费者权益、确保食品安全和质量、维护环境可持续发展等具有重要意义。以下是食品工程伦理的几个重要价值观的介绍。

(1) 食品安全价值观

食品安全价值观强调将消费者健康和安全放在首位,确保食品不含有害的物质,不受微生物和其他污染物的侵害。该价值观强调食品生产和加工过程中的严格监管、合理使用食品添加剂和农药、正确进行食品储存和运输等方面的操作,在食品生命周期的每个环节都要确保食品的安全。

(2) 营养健康价值观

营养健康价值观强调食品应提供与人体健康相关的养分,并满足不同人群的营养需求。它要求食品工程师在食品的配方和加工过程中,充分考虑食品的营养价值,设计和开发出适合不同人群,具有均衡、多样化、可持续特点的营养食品,为人类提供健康的饮食选择。

(3) 环境可持续发展价值观

环境可持续发展价值观强调在食品生产和加工过程中要尽量减少对环境的影响,促进资源的合理利用和循环利用。它强调减少能耗和排放,推动绿色生产和循环经济,减少对自然生态的破坏,确保环境的可持续发展。

(4) 伦理道德价值观

伦理道德价值观强调食品行业的诚信和负责任。在食品工程中，伦理道德价值观要求食品工程师遵守道德规范，正直诚信地从事食品生产和加工，确保食品的品质和安全，不误导消费者，不损害消费者的利益，为公众提供可信赖的食品。

(5) 公共利益价值观

公共利益价值观强调食品工程应该服务于社会和公众的利益。在食品工程中，公共利益价值观要求食品工程师重视公众对食品的关注和需求，不仅要满足经济利益，还要为社会公众的健康和福祉贡献力量。这意味着要积极参与食品安全监管和食品政策制定，关注社会公众的需求和诉求，提供优质的食品产品和服务，确保公众的利益最大化。

这些食品工程伦理的价值观相互关联、相辅相成，共同构成了食品工程伦理的基本原则。在食品生产、加工和消费中，遵循这些价值观可以建立起一个道德和伦理的框架，以引导食品行业的行为和决策。食品工程价值观不仅在食品工程师的个人行为中发挥作用，也应该纳入企业的价值观和组织文化中，成为整个行业的共同信仰。

此外，值得注意的是，食品工程伦理的价值观也需要与当地文化、法律和法规相适应。不同国家和地区可能有不同的食品伦理观念和优先事项，因此，食品工程师应该充分了解并尊重当地的价值观和文化，确保食品工程伦理实践的可行性和可接受性。食品工程伦理的价值观在食品行业中起着重要的指导作用。

1.2.2 食品工程伦理的意义

食品工程伦理是从道德和伦理层面考虑食品生产、加工、销售和消费的问题。它不仅关注食品的质量和安全问题，还将个人、公共和全球的利益置于其核心位置。随着食品安全和质量问题的不断出现，食品工程伦理越来越成为制定和执行食品政策、规划及进行实践的重要指导。

(1) 保护消费者权益

保护消费者权益是食品工程伦理的重要任务。食品工程伦理不仅关注于食品的品质和安全,还关注于食品生产、销售和分配等过程中导致的利益分配问题。在食品生产和加工中,消费者有权利获得真实的信息,包括食品成分、生产日期和保质期等。食品工程伦理需要确保食品生产和加工的透明度和负责任性,严格监管食品生产和销售的各个环节,确保消费者知情权和选择权的实现。

(2) 维护食品质量和安全

食品工程伦理不仅致力于推进食品加工工艺的科学化,还要在食品的质量和安全问题上进行前瞻性的研究和探索。它包括:食品卫生和营养标准的制定与评估,食品添加剂、有害化学物质和微生物的控制,以及食品安全问题的预警和处置等。通过建立健全食品安全体系,加强食品生产过程的监督与管理,减少食品质量与安全性问题,从而保护消费者的健康和安全,维护公众的福祉。

(3) 加强环境保护

食品生产和加工对自然环境的影响是不可忽略的,这也是食品工程伦理需要解决的问题。合乎伦理地面对环保、绿色生产等问题,注重降低能耗和污染排放等环境因素的影响,推动食品行业健康和可持续发展。

(4) 推广可持续发展

食品工程伦理着眼于可持续发展,推动整个食品产业实现生态和环境友好型的发展模式。食品工程师应该关注资源的使用效率、社会公平和经济效益的充分发挥等方面,如制造并推广可循环利用的食品包装材料,让食品工业健康可持续地发展。

(5) 保障食品行业的公信力

随着社会信息化程度的加深和信息传播速度的加快,任何食品安全问题都可能对整个食品行业产生不良影响。食品工程伦理是保证食品行业公信力的关键所在。遵循道德和伦理准则,保持行业诚信,并持续提升产品服务的品质,可以在市场中形成信任基础,树立起行业品牌权威,从而确保消费者对食品行业的信任和满意度。食品工程伦理意味着食品企业需要遵循合法、透明、诚信和负责任的原则,秉持为消费者提供安全、健康、高品质食品的承诺。

(6) 引导科技与食品伦理的平衡发展

食品工程伦理扮演着科技与伦理之间的桥梁和调和者的角色。科技的进步在食品工程中发挥着重要作用,包括新技术的应用、基因改造、食品加工技术等。然而,科技的发展也带来伦理和道德问题,例如对动物权益和基因改造食品的争议。食品工程伦理通过平衡科技的应用和伦理的原则,实现科技与伦理的协调发展,确保科技的应用符合公众的价值观和期望。

(7) 促进国际合作与共享

食品工程伦理的重要性还体现在国际合作和共享方面。食品安全和质量问题具有全球性,影响着全球食品贸易和公众的健康。国际合作和共享经验与技术是解决这些问题的重要途径。食品工程伦理将不同国家和地区的食品行业聚集起来,通过互相学习和合作,共同应对食品安全和质量的挑战,共同实现全球食品产业的健康和可持续发展。

食品工程伦理不仅关注食品的质量和安全问题,还将人类和自然环境的需求置于核心位置。食品工程伦理保护消费者权益,维护食品质量和安全,加强环境保护,推动可持续发展,保障食品行业的公信力,引导科技与食品伦理的平衡发展,促进国际合作与共享。只有食品工程伦理的规范和实践,才能确保食品的安全和质量,实现食品产业可持续发展,为人类的健康和社会的福祉作出贡献。因此,食品工程伦理在食品行业的发展中具有不可替代的重要性。

1.3 食品工程伦理的挑战和展望

1.3.1 食品工程伦理面临的挑战

随着全球食品工程的迅速发展,食品工程伦理面临着许多挑战。下面我们将列举一些主要的挑战。

(1) 食品安全问题

食品安全问题是食品工程伦理面临的最大挑战之一,因为食品安全是伦理和道德的核心之一。随着食品行业的不断发展,各种新的食品加工技术、新的食品成分和新的食品保存技术等不断出现,这些新技术带来的食品安全风险也越来越多。例如,使用化学添加剂和农药,基因编辑和基因改造等技术可能会威胁到食品的安全性。因此,食品工程师需要采取相应的伦理措施,确保食品的安全性和质量。

（2）环境保护问题

环境保护问题是食品工程伦理面临的另一个重要挑战。作为食品工程师，必须在生产和加工过程中采取环保措施，减少对环境的影响。例如，减少废水和工业废气的排放，采用可持续的种植和养殖方法，以及采取适当的垃圾处理措施等。此外，食品企业还应该考虑可持续发展问题，确保当前的生产方式和消费习惯不会对未来世代造成负面影响。

（3）知识产权问题

知识产权问题是食品工程伦理面临的第三大挑战。随着新的技术和新的食品配方的引入，如何保护知识产权是食品企业必须考虑的问题。食品工程师需要了解知识产权的法律法规，并制定食品保密措施，确保食品配方的机密性。

（4）经济挑战

食品企业在保证食品安全和营养的同时，还需要考虑提升经济效益，减少成本，确保食品的实惠性和质量。这需要食品工程师不断深入研究食品工程技术，依靠先进技术和创新方法来提高食品工程效率，减少成本。

（5）消费者权益问题

消费者的健康和利益是食品工程伦理的核心。随着消费者对食品质量要求的不断提高，食品工程师不仅要在食品生产和加工过程中确保食品的安全性和品质，还应该关注消费者权益问题，为消费者提供更多的可靠信息和透明的服务。

（6）全球化问题

全球化是食品工程伦理面临的另一个挑战。在全球化环境下，食品工程师需要了解和尊重不同文化的食品风俗和需求，制定适应全球市场的食品工程策略，确保食品的适应性，同时还应该遵守当地的法律法规。

1.3.2 食品工程伦理的展望

食品工程是涉及人类健康和生命的重要行业，伦理问题成了工程发展的关键因素之一。未来，随着科学技术和社会环境的变化，食品工程伦理水平的提升将促进行业发展，增强消费者信任，推动食品健康，助力食品工程行业迈向更加可持续和道德发展的方向。

(1) 生物技术和基因编辑的应用

生物技术和基因编辑等新兴技术将对食品工程带来重大变革和机遇。新技术可能提供更精确、可持续和安全的食品生产方式，创造全新的食品产品和配方。但同时，新技术也引发了许多伦理和安全问题，如遗传过程的可控性和食品的安全性。未来，食品工程师需要加强对这些技术和食品安全的研究和探讨，制定科学合理的标准和措施，确保食品工程进步与人类健康以及环境的安全和可持续性相一致。

(2) 数字化和智能化

数字化和智能化是未来食品工程发展的趋势，包括食品信息化、大数据、人工智能、机器人化等。数字化平台能够实现全方位、精细化的食品生产和加工，提高食品的质量和安全性，降低食品加工成本，从而推动行业效率和创新水平的提高。数字化和智能化也提供了更多的监测和追溯方式，使得对于食品链条的监督和管理更加便捷和精确。但是，利用数字化和智能化技术提高食品工程的效率，也需要考虑不断变化的社会和政策要求，如数据安全、信息隐私和数字鸿沟等问题，需要加强食品工程伦理的相关研究和领导。

(3) 关注消费者意识和趋势

未来的消费者意识和趋势可能会影响食品生产和加工的方向和目标。消费者越来越关注食品的健康、营养和环境友好，希望食品能更加绿色、有机和天然。在这方面，食品工程师需要结合这些趋势和要求，以生态、健康和可持续为导向，促进食品工程进一步提高质量、可控，达到营养更丰富、味道更美味、健康更安全和对环境更友好的目标。食品应该在保证质量和安全的前提下，为消费者提供多元化的选择、多样化的口感和更多的现代生活元素和经济适用性。

(4) 国际化合作

全球食品工业正在进一步融合和全球化，食品工程师需要加强国际合作，加强技术交流、标准和流程一致，以提高全球食品工业的安全性、环境可持续性和社会贡献。政府和国际组织需要引领和统筹全球食品工业的规划和合作，形成一体化、交流化和共赢化的发展模式。

1.3.3 食品工程师的责任

食品工程伦理面临的挑战主要包括食品安全问题、环境保护、知识产权、经济挑战、消费者权益和全球化等。这些挑战需要食品工程师和利益相关方以及政府和非政府组织共同努力来解决。

为了应对这些挑战，食品工程师可以采取以下措施。

① 加强食品安全管理：制定和实施严格的食品安全标准和流程，加强食品检测和监管，确保食品质量和安全。

② 推动可持续发展：采用环保友好的食品生产和加工技术，减少对环境的污染和资源的浪费。同时，倡导和使用可持续的农业种植和养殖方法，保护生态环境。

③ 加强知识产权保护：食品工程师应了解并遵守知识产权法律法规，制定合理的保密措施，保护食品配方、技术和创新成果的知识产权。

④ 经济效益和社会责任兼顾：食品企业需要寻找平衡点，致力于提供经济实惠的食品产品，同时不损害消费者的权益和健康。通过提高生产效率、创新技术和资源优化等方式来降低成本，同时关注企业社会责任，积极参与公益活动。

⑤ 加强消费者教育和参与：通过为消费者提供可靠的食品信息和透明度，让消费者更好地了解食品生产和加工过程，提升消费者的食品素养和权益保护意识。

⑥ 深化国际合作：在全球化的背景下，加强国际合作，推动标准的制定和统一。与其他国家和地区分享经验和技术，共同应对食品工程领域的挑战。

食品工程伦理面临的挑战是多样且复杂的，但这也是推动食品工程行业不断发展和进步的机遇。通过加强伦理意识、制定相关政策和规范、促进技术创新和提高消费者教育水平等手段，食品工程伦理能够更好地引导行业的发展，保护消费者权益，促进食品安全和可持续发展。

⑦ 社会公平性和可获得性：食品工程伦理需要关注食品的社会公平性和可获得性。在一些地区，食品不平等问题依然存在，一些人无法获得足够的食物供应。食品工程师应该思考如何提高食品的可获得性和公平性，确保每个人

都能获得健康、安全和营养丰富的食品。

⑧ 气候变化和资源限制：全球气候变化和资源限制给食品工程带来了巨大的挑战。气候变化可能会影响粮食生产和食品供应链，资源限制可能导致食品原材料和生产成本的上升。食品工程师需要寻找解决方案，如提高农业的适应能力、改善资源利用效率、减少食品生产的碳足迹等。

⑨ 生物技术和基因编辑：生物技术和基因编辑等新兴技术对食品工程伦理提出了许多挑战和争议。如何平衡食品创新和食品安全、健康和道德问题，需要食品工程师仔细思考和权衡不同利益相关方的意见。

⑩ 社会伦理问题：食品工程伦理还涉及一些社会伦理问题，如动物福利、食品品质和文化认同等。食品工程师需要考虑如何在食品生产和加工过程中尊重和保护动物福利，如何确保食品质量和多样性，以及如何遵循不同文化对食品的认同和需求。

总之，食品工程伦理面临着众多挑战，涉及食品安全、环境保护、知识产权、经济效益、消费者权益、全球化、社会公平、气候变化、生物技术和社会伦理等方面。食品工程师面对这些挑战，需要积极寻找解决方案，确保食品行业的可持续发展和公众健康。同时，政府、非政府组织和科研机构也需要提供支持和指导，共同推动食品工程伦理的发展和实践。

本章小结与建议

尊重食品工程伦理在食品工程领域具有重要的意义。食品工程伦理关注着食品的安全、可持续性、透明度和消费者权益等诸多方面，要求食品工程师在实践中秉持和遵守一系列道德标准和原则。本章对食品工程伦理进行了深入探讨，并提出了一些建议，以引导食品工程师在其工作中遵循伦理原则。食品工程伦理教育旨在保证食品工程活动在符合道德标准的同时，提供安全、可持续和透明的食品供应。

参考文献

[1] 梯利. 伦理学导论 [M]. 何意，译. 北京：北京师范大学出版社，2015.

[2] 李伯聪,贾玉树,夏保华,等.工程哲学与伦理:前沿对话[J].工程研究——跨学科视野中的工程,2024,16(2):161-170.

[3] 周恩泽,丛杭青.新时代中国工程伦理规范的文化逻辑[J].浙江工业大学学报(社会科学版),2023,22(4):377-383.

[4] 张恒力,李昂.工程伦理教育:趋势与特征[J].应用伦理,2023(1):79-98,251-252.

[5] 张铃.工程与技术关系的历史嬗变[J].科技管理研究,2010,30(13):294-298.

[6] 杜澄,李伯聪.工程研究:跨学科视野中的工程[M].北京:北京理工大学出版社,2004.

[7] 李世新.谈谈工程伦理学[J].哲学研究,2003(2):81-85.

[8] 张恒力,胡新和.福祉与责任——美国工程伦理学述评[J].哲学动态,2007(8):58-62.

[9] 吕赫,林琨智,许修杰.工程伦理学的一般理论构建[J].吉林化工学院学报,2009,26(5):42-45.

[10] 刘永谋,王春丽.综合性大工程:趋势、困境与治理[J].南京大学学报(哲学·人文科学·社会科学),2023,60(6):76-86.

[11] 董小燕.美国工程伦理教育兴起的背景及其发展现状[J].上海高教研究,1996(3):73-77.

[12] 曹南燕.对中国高校工程伦理教育的思考[J].高等工程教育研究,2004(5):37-39,48.

参考案例

参考案例 1 转基因食品安全的争议

转基因食品自问世以来,就饱受争议,美国作为世界上首个将转基因食品商业化的国家,近70%的零售食品含有转基因,给农业带来了巨大的经济价值。而我国也十分重视转基因技术在食品方面的应用,自2006年起,我国先后投入200多亿元用于转基因技术研发,至2017年,转基因作物产业化被正式列入国家"十三五"科技创新计划。但受转基因技术潜在风险的影响,我国转基因作物种植面积较少,政府予以批准商品化种植的作物种类也较少。其次,在现代化普遍焦虑心理的影响下,公众对转基因食品信任度不高,有关的负面舆论被再三加强,"反转"与"挺转"的论争不下。

联合国粮农组织及世界卫生组织一致认为:凡得到安全证书、通过安全评价的转基因食品,安全性和传统食品一样,人们都可以放心食用。

自1996年转基因作物商品化种植以来,全球转基因作物种植面积逐步扩大，在 2018 年达到了 1.917 亿 hm^2，涵盖全球 70 个国家或地区，其种植的作物种类也越来越丰富，包括大豆、玉米、水稻、番茄、木瓜等。根据国际农业生物技术应用服务组织（ISAAA，International Service for the Acquisition of Agribiotech Applications）的 2017 年年度报告，转基因作物种植面积由 1996 年的 170 万 hm^2 扩增到 2017 年的 1.89 亿 hm^2（约占世界农田面积的 12.5%），20 年间面积累计增长了 111.2 倍。就种植面积与市场份额而言，美国分别以 2018 年的 7500 万 hm^2 种植面积与 70% 以上的市场份额稳居全球首位。五大转基因作物种植国（美国、巴西、阿根廷、加拿大和印度）占全球转基因作物种植面积的 91.3%，亚太地区占全球转基因作物种植面积的 10%：印度（1140 万 hm^2 棉花）、巴基斯坦（300 万 hm^2 棉花）、中国（278 万 hm^2 棉花）、澳大利亚（92.4 万 hm^2 棉花和油菜）、菲律宾（64.2 万 hm^2 玉米）、缅甸（32 万 hm^2 棉花）、越南（4.5 万 hm^2 玉米）和孟加拉国（2400hm^2 茄子）。

转基因作物在全球范围内发展迅速，同时也表明了其优点显而易见：促进高效育种、大幅提升农作物产量、改善环境、提升作物营养价值等。原农业部农业转基因生物安全管理办公室在 2018 年 1 月，转发了国际毒理学学会（Society of Toxicology）发布的转基因作物食用和饲用安全声明，该声明在确认转基因作物安全性的同时，表示每一个新的转基因事件都受到了监管部门的严格评估。声明还指出，在转基因食品发展的近 20 年里，没有任何可证实的证据表明已上市转基因产品可能对健康产生不利影响。

科学技术的应用具有两面性，在看到转基因食品优势的同时，我们也要正确看待其潜在的风险问题。其潜在风险问题具体包括：潜在毒性、可能引起过敏反应、可能存在抗生素抗性风险问题及生态环境风险。

参考案例 2　食品浪费的伦理问题

根据联合国粮食及农业组织（FAO）的估计，全球每年浪费掉约 13 亿 t 的粮食，约占全球生产总量的 1/3。这些粮食的价值约为 1000 亿美元，如果这些粮食能够有效利用，则能够消除全球饥饿问题。

尤其是在发展中国家，由于基础设施和技术的不足，粮食在农场、运输途中和市场上容易损耗和变质，根据FAO的数据，印度每年浪费掉的粮食约为2100万t，而在非洲，每年浪费的粮食量也高达5400万t。在这些地区，利用浪费掉的粮食来减轻饥饿压力具有重要的意义。

联合国粮食及农业组织、世界粮食计划署等机构2023年5月3日共同发布最新一期《全球粮食危机报告》说，2022年全球58个国家和地区约2.58亿人面临严重粮食不安全问题，远高于2021年53个国家和地区1.93亿人的水平。

在工业化国家，尤其是富裕国家，粮食浪费现象更加普遍。例如，美国每年浪费掉的食品约为4000万t，大约相当于该国总产量的1/3。在欧洲，每年浪费超过8800万t食品。此外，澳大利亚每年浪费掉的食品量也相当惊人，达到了1000万t。

粮食浪费对环境和经济都造成了严重的影响。首先，浪费掉的粮食会产生大量的温室气体，其中包括二氧化碳、甲烷和氧化亚氮等，这对全球变暖和气候变化产生了负面影响。其次，粮食浪费还会占用大量的土地、水资源和能源，增加了生产成本和环境压力，另外，粮食浪费还会影响着国家的治理、社会的进步、个人的全面发展。

每年全球都有大量的食品被浪费掉，而在同一时间仍有数以亿计的人处于饥饿状态。这引发了对于食品生产和分配公平性以及可持续性的伦理问题。食品工程师们必须思考如何减少食品浪费并提高资源利用效率，以解决这一道德困境。

1. 食品工程师的伦理责任：作为食品工程师，你认为自己在食品生产、加工和创新方面有何种伦理责任？请列举一些具体的措施，以确保你的工作符合伦理原则。

2. 转基因食品与消费者权益：转基因食品在科技进步的背景下被广泛运用，但消费者对其安全性和可信度有不同的看法。你认为食品工程师在转基因食品开发过程中应该如何平衡科技创新与消费者权益之间的关系？

3. 食品工程与可持续性：食品工程活动对资源的利用以及环境的影响具有重要意义。如何在食品工程实践中应用可持续性原则，以减少资源浪费和环境负担？你认为食品工程师应该考虑哪些伦理问题？

4. 食品工程技术的社会接受度：新兴的食品工程技术如基因编辑、人工肉等给食品行业带来了许多创新与发展的机遇，同时也引发了社会的讨论和争议。你认为食品工程师要如何应对这种技术的社会接受度挑战，以确保公众的信任和认可？

2 食品安全与工程伦理

引言

食品安全是确保食品不会对人体健康造成危害或导致疾病的一种状态。在当今社会,食品安全已经成为全球范围内引起广泛关注的问题。食品安全的重要性在于我们每天都要依赖食物来维持健康和生存。然而,随着全球化和工业化的推进,食品供应链变得更加复杂,要保证食品的安全性不再是简单的任务。本章将全面介绍食品安全的概念、重要性及与之相关的伦理问题。

2.1 工程安全风险与伦理

2.1.1 工程风险与安全

2.1.1.1 工程风险的来源

工程风险是现代工程项目管理中不可忽视的重要问题,它不仅关系到项目的成功与否,还直接影响到经济效益、环境保护和社会稳定。工程风险的来源可以大致分为三类:技术因素、环境因素和人为因素。

(1) 技术因素

技术因素是工程风险中最具挑战性的一类,涉及技术设计、工程施工和设备使用等多方面的问题。这些风险往往是由技术复杂性和不确定性引发的,具体表现如下。

① 设计缺陷：设计缺陷是指工程项目在设计过程中存在的错误或不足，可能导致严重的安全隐患或功能失效。例如，桥梁设计中的计算错误可能导致桥梁坍塌，高层建筑的抗震设计不足可能在地震中引发倒塌事故。这些设计缺陷往往难以在早期被发现，直到项目实施或运营阶段才暴露出来。

② 施工技术问题：施工技术问题包括不合格的施工工艺、不当的施工顺序及施工材料不达标等。例如，在大坝建设中，如果施工过程中混凝土浇筑不均匀，可能导致大坝渗漏甚至垮塌；在高层建筑施工中，如果钢筋绑扎和混凝土浇筑不符合规范，可能引发结构性安全问题。

③ 设备故障与老化：设备故障与老化是工程项目运营阶段常见的技术风险。大型工程如电力设施、交通系统等，依赖大量机械设备和电子系统，这些设备可能由于设计缺陷、制造质量差或年久失修而出现故障。例如，电力变压器故障可能导致大范围停电，交通信号控制系统故障可能引发交通混乱和事故。

(2) 环境因素

环境因素对工程项目的影响不可小觑。自然环境中存在许多不确定性，这些不确定性在项目规划、施工和运营中可能引发各种风险。

① 自然灾害：自然灾害是工程项目面临的重大环境风险，包括地震、洪水、台风、泥石流等。这些灾害往往具有突发性和破坏性，对工程项目造成严重影响。例如，2011年的日本福岛核电站事故就是由地震和海啸引发的，造成了严重的核泄漏事故。

② 气象条件：气象条件的不确定性也是环境风险的重要来源。例如，高温、暴雨、暴雪等极端天气可能影响施工进度甚至导致安全事故。此外，长期干旱或湿润的气候条件可能改变土壤结构，对建筑物的基础和稳定性产生影响。

③ 环境污染：环境污染不仅对自然生态有害，还可能对工程项目产生负面影响。例如，空气中的腐蚀性气体可能加速金属结构的腐蚀，地下水污染可能影响基础设施的稳定性。此外，环境污染还可能引发法律和社会风险，需要工程项目采取相应的防护和治理措施。

(3) 人为因素

人为因素是工程风险中最为复杂和多变的一类，涉及人的行为、管理水平和组织文化等多个方面。

① 人为错误：人为错误是工程项目中常见的风险来源，主要包括设计、施工和管理中的失误。例如，在设计阶段，设计师可能由于经验不足或疏忽大意导致设计错误；在施工阶段，工人可能由于操作不当或疏忽导致施工事故；在管理阶段，管理人员可能由于决策失误或沟通不畅引发项目问题。

② 管理问题：管理问题包括组织管理水平、项目管理体系和沟通协调机制等。例如，项目的进度管理不当可能导致工期延误，成本管理不力可能导致预算超支，质量管理不完善可能导致工程质量问题。此外，管理层的领导力和决策能力也直接影响项目的成败。

③ 安全管理与施工现场管理：施工现场的安全管理和施工管理是减少人为因素风险的重要方面。如果现场管理不力，可能导致安全事故的发生。例如，工人没有佩戴必要的防护装备，现场没有设置安全围栏和警示标志，极易引发人身伤亡事故。此外，现场材料堆放不当、机械设备维护不及时等问题也会增加施工风险。

④ 社会和法律风险：工程项目不仅是技术和管理的问题，更是社会问题。项目的实施需要考虑周边社区的利益和合法权益。例如，拆迁补偿不合理可能导致居民抵制，环保问题未解决可能引发环保组织抗议。此外，项目的法律合规性也是重大风险，如果项目未依法取得必要的审批手续，可能面临停工、罚款等法律风险。

2.1.1.2 工程风险的等级与安全

（1）工程风险的可接受性与等级划分

工程风险的可接受性与等级划分是工程项目管理中至关重要的环节。它不仅帮助管理者理解风险的严重程度和紧急性，还为制定应对策略提供了科学依据。

① 工程风险的可接受性

工程风险的可接受性是指在特定的条件下，某种风险是否在可接受的范围内。这一概念在工程管理中至关重要，因为所有工程活动都伴随一定的风险，关键在于判断这些风险是否在可接受的水平。

可接受风险是指在综合考虑经济、技术、社会和环境等多种因素后，认为可以容忍的风险水平。一般来说,可接受风险应满足以下条件:风险的发生概率较低,虽然可能会出现,但概率极小;风险的影响较小,即使发生,其后果在可控范围内,不会对工程项目和社会造成严重损害;风险控制成本合理,采取措施将风险控制在可接受水平的成本应在项目预算内,且成本效益合理。

确定可接受风险的标准需要综合考虑多个因素,包括法律法规、行业标准、项目特点和社会期望等。法律法规规定了某些风险的强制性控制标准,例如建筑抗震标准、环保排放限值等。行业标准提供了具体的技术规范和指导,如建筑工程中的施工安全标准、设备安装标准等。不同项目的风险容忍度不同。例如,核电站的风险容忍度远低于普通建筑工程,因为其一旦发生事故,后果极其严重。公众对风险的期望和容忍度也影响风险可接受性。例如,公众对环境污染风险的容忍度普遍较低,因此环保工程的风险控制标准通常较高。

② 工程风险的等级划分

工程风险的等级划分是评估和管理风险的重要手段,通过将风险按其严重程度和发生概率进行分类,帮助管理者制定相应的应对策略。风险等级划分通常基于两个主要因素:风险发生的概率和风险的严重程度。常用的风险等级划分方法有定性分析和定量分析两种。

定性分析:根据专家经验和判断,将风险分为若干等级,如低、中、高风险。定性分析简单直观,适用于初步风险评估。

定量分析:利用统计和数学模型,对风险发生的概率和后果进行量化评估。例如,通过故障树分析、蒙特卡罗模拟等方法,得到具体的风险值。定量分析精确度高,适用于详细风险评估。

③ 常见的风险等级划分方法

矩阵法:矩阵法是最常见的风险等级划分方法之一。通过构建风险矩阵,将风险发生的概率和严重程度分为若干等级,例如:

发生概率:极高(5)、高(4)、中等(3)、低(2)、极低(1);

严重程度:灾难性(5)、严重(4)、中等(3)、轻微(2)、可忽略(1)。

通过将每个风险按其概率和严重程度评分,得到一个风险等级。例如,某风险发生概率为3,严重程度为4,则其风险等级为$3 \times 4 = 12$,根据预设的风险等级划分标准,确定其属于高风险。

FMEA法(失效模式与影响分析):FMEA法通过识别可能的失效模式及

其后果，对每个失效模式进行严重程度、发生频率和检测难度的评分，计算出风险优先级数（RPN），根据 RPN 值划分风险等级。例如，严重程度为 8，发生频率为 5，检测难度为 4，则 $RPN=8\times5\times4=160$，根据预设的风险等级划分标准，确定其属于高风险。

HACCP 法（危害分析与关键控制点）：HACCP 法广泛应用于食品安全和其他需要严格风险控制的领域，通过识别危害、确定关键控制点、设定关键限值和监控措施，确保风险在可控范围内。HACCP 法通过对每个关键控制点的危害分析，确定其风险等级，并制定相应的控制措施。

工程风险的可接受性与等级划分是工程项目管理中的重要环节，决定了风险控制和应对措施的制定。通过确定可接受风险的标准，结合项目的具体特点和社会期望，可以合理判断哪些风险是可以容忍的，从而优化风险管理策略。风险等级划分则通过定性和定量分析方法，帮助管理者科学评估风险的严重程度和发生概率，制定相应的风险应对措施。综合运用这些方法，可以有效提高工程项目的安全性和可靠性，确保项目的顺利实施和长期运营。

（2）工程风险的防范与安全

在现代工程项目中，风险无处不在，涉及技术、环境、人为等各个方面。为了保证工程的顺利进行和项目的安全运营，必须采取全面的风险防范措施。这些措施主要包括工程质量监理与安全、意外风险控制与安全、事故应急处理与安全三大方面。

① 工程质量监理与安全

工程质量监理是防范工程风险的第一道防线，通过严格的监理程序和科学的监理方法，确保工程质量符合设计和规范要求，从而提升工程整体的安全性。

全过程质量管理是指从工程项目的初步设计、施工图设计、施工、验收到运营维护的全生命周期管理。每个阶段都需要严格的质量控制和监理。例如，在设计阶段，应确保设计图纸的科学性和合理性，并经过严格的审核；在施工阶段，应确保施工材料、工艺和人员的质量，定期进行现场巡检和检测；在验收阶段，应进行全面的测试和评估，确保工程质量达标。

建立健全的质量监理制度是确保工程质量的重要保障。质量监理制度应包括规范的监理程序、明确的监理职责和严格的监理标准。例如，可以通过制定项目监理规划，明确各个阶段的监理任务和要求；建立监理责任体系，明确监理人员的职责和工作流程；制定监理工作标准，确保监理工作的规范性和统一性。

利用先进的技术手段可以大大提高质量监理的效率和准确性。例如，BIM（建筑信息模型）技术可以在工程设计和施工过程中实现全方位、动态的质量监控；无人机技术可以用于现场巡检，快速发现质量隐患；传感器技术可以实时监测工程结构的状态，预警潜在的质量问题。

② 意外风险控制与安全

工程项目中充满各种意外风险，包括自然灾害、设备故障、人员失误等。有效的风险控制措施可以大大降低这些意外风险对工程的影响。

风险识别与评估是风险控制的基础。在项目初期，应进行系统的风险识别和评估，确定可能的风险来源和潜在影响。例如，通过专家评审会、风险评估模型等方法，识别项目中的自然灾害、设备故障和管理失误等风险，评估其发生的概率和可能的严重程度。

预防措施是控制风险的核心。针对已识别的风险，应制订和实施相应的预防措施。例如，为了防范自然灾害风险，可以在项目选址时避开易发生灾害的区域，在设计阶段考虑抗震、抗洪等措施；为了防范设备故障风险，可以采用质量可靠的设备和材料，定期进行维护和检测；为了防范人员失误风险，可以加强人员培训，提升操作技能和安全意识。

建立完善的安全管理体系是风险控制的重要保障。安全管理体系应包括安全管理政策、安全管理组织、安全管理制度和安全管理措施。例如，制定明确的安全管理政策，确定安全生产的目标和要求；建立健全的安全管理组织，明确各级人员的安全职责；制定安全管理制度，规范安全生产的各项工作流程；实施具体的安全管理措施，如安全教育和培训、应急预案编制和演练等。

③ 事故应急处理与安全

即使采取了充分的预防措施，工程项目仍可能发生意外事故。为此，必须制订和实施有效的应急处理措施，确保发生事故时能够迅速、有效地应对，降低事故的影响和损失。

应急预案是应急处理的基础。应急预案应包括事故的预警、响应、控制和恢复等各个环节。例如，确定事故的预警信号和报告流程，明确事故发生后的响应步骤和措施，制定事故控制的具体方案和方法，规划事故后的恢复和重建工作。应急预案应经过多次模拟演练和检验，确保其科学性和可操作性。

建立健全的应急组织是应急处理的保障。应急组织应包括应急指挥部、专业应急队伍和支持保障系统。例如，应急指挥部负责指挥和协调应急处理工作，专业应急队伍负责具体的事故控制和救援任务，支持保障系统提供物资、设备和技术等支持。应急组织应定期进行演练和培训，提升应急处理能力。

事故调查与改进是应急处理的延续。事故发生后，应立即进行调查，查明事故原因和责任，制订和实施改进措施。例如，可以通过专家组调查、事故现场勘查和数据分析等方法，找出事故原因和责任，制定和实施相应的改进措施，防止类似事故再次发生。同时，将事故调查和改进经验纳入风险控制和安全管理体系，进一步提升工程项目的安全水平。

2.1.2 工程风险伦理评估

工程项目不仅涉及技术和经济问题，还涉及伦理问题。工程风险的伦理评估在保障公众利益、环境保护和社会责任等方面具有重要意义。

(1) 工程风险的伦理评估原则

① 公众利益优先原则：工程项目应优先考虑公众的健康、安全和福祉。任何可能对公众造成严重伤害的风险都应被视为不可接受。

② 知情同意原则：公众有权了解工程项目可能带来的风险，并在知情的情况下做出是否接受这些风险的决定。透明的信息披露和公众参与是这一原则的重要体现。

③ 公正与公平原则：工程项目的风险和收益应公平分配。不能因为经济利益而将高风险转嫁给弱势群体或环境脆弱区域。

④ 责任与问责原则：工程管理者和相关方应对其决策和行为承担责任。如果因决策失误或管理不当导致风险事件，应有相应的问责机制和赔偿措施。

⑤ 可持续发展原则：工程项目应考虑其长期影响，确保当前的工程活动不会对未来世代的健康、安全和环境造成不可逆转的损害。

(2) 工程风险的伦理评估途径

① 公众参与：通过召开听证会、公众咨询会、发布信息公告等方式，让

公众了解工程项目的风险,并参与到风险评估和决策过程中。公众参与不仅提高了决策的透明度,还能增加公众对项目的支持和信任。

② 多学科合作:工程风险的伦理评估应涉及工程技术、环境科学、社会学、法律等多个学科的专家,共同分析和评估风险。这种跨学科的合作可以提供更全面和多维度的风险评估结果。

③ 道德委员会审查:设立专门的道德委员会,对工程项目的风险进行独立审查。道德委员会由不同领域的专家和公众代表组成,确保评估过程的客观、公正和透明。

④ 利益相关者对话:与利益相关者(如当地社区、环境组织、政府机构等)进行对话,听取他们的意见和关切。这种对话可以帮助识别潜在的伦理问题,并找到合适的解决方案。

(3) 工程风险的伦理评估方法

① 风险-效益分析:在评估工程风险时,需综合考虑其带来的效益。通过定量和定性分析,将风险和效益进行比较,判断项目是否值得实施。该方法不仅要关注经济效益,还需考虑社会和环境效益。

② 案例研究法:通过分析类似工程项目的风险事件和伦理问题,总结经验教训,为当前项目提供参考。这种方法有助于识别潜在的风险和伦理问题,提前采取预防措施。

③ 德尔菲法:邀请一组专家对工程风险进行匿名评估,通过多轮问卷调查和反馈,逐步达成共识。德尔菲法能够汇集专家的智慧,提供可靠的风险评估结果。

④ 情景分析法:通过构建不同的情景,模拟工程项目在不同条件下的风险和后果。情景分析可以帮助理解复杂风险的动态变化,评估不同情景下的伦理影响,制定更有效的应对策略。

⑤ 伦理矩阵法:构建一个二维矩阵,将工程项目的不同伦理维度(如公众健康、环境保护、公平正义等)与可能的风险事件进行对比分析。该方法可以系统地评估风险的伦理影响,找到平衡各方利益的最佳方案。

⑥ 成本-效益-伦理分析(CBA-E):在传统的成本效益分析(CBA)基础上,加入伦理评估的维度,综合考虑经济、社会和伦理因素。这种方法可以更全面地评估工程项目的风险和效益,确保决策的伦理合理性。

工程风险的伦理评估是工程项目管理中不可或缺的一环。通过遵循公众利益优先、知情同意、公正与公平、责任与问责和可持续发展等原则,结合公众参与、多学科合作、道德委员会审查和利益相关者对话等途径,可以有效识别和评估工程风险的伦理问题。采用风险-效益分析、案例研究法、德尔菲法、情景分析法、伦理矩阵法和成本-效益-伦理分析等方法,可以系统和全面地进行风险伦理评估,确保工程项目在实现技术和经济目标的同时,满足社会和环境的伦理要求。这不仅有助于提高项目的社会接受度,还能促进工程实践的可持续发展和社会进步。

2.1.3 工程风险的伦理责任

工程风险的伦理责任是工程实践中不可或缺的一部分。工程师和相关方在设计、建造和运营工程项目时,不仅要考虑技术和经济因素,还必须遵循伦理原则,以确保项目的安全、可靠和公正。

(1) 工程伦理责任的含义

工程伦理责任指在工程实践中,工程师和相关方需遵循的一系列道德规范和原则,以保障公众安全、保护环境和维持社会公正。这些责任包括以下几项。

① 保护公众安全和健康:工程师必须设计和建造安全可靠的工程,防止任何可能危害公众健康和安全的风险。

② 诚信与透明:在工程项目中,工程师和相关方应保持信息透明,诚实地披露项目的风险和潜在问题,确保公众知情权。

③ 专业责任:工程师应具备高水平的专业知识和技能,遵循行业标准和最佳实践,确保工程项目的高质量和可靠性。

④ 环境保护:在工程设计和施工过程中,工程师应采取措施减少对环境的负面影响,推动可持续发展。

⑤ 公平与公正:工程项目应公平对待所有利益相关者,避免将高风险和负面影响转嫁给弱势群体或环境脆弱区域。

(2) 工程伦理责任的主体

工程伦理责任涉及多个主体,包括如下几类。

① 工程师：作为直接从事工程设计、施工和维护的专业人员，工程师在确保项目安全和符合伦理规范方面承担首要责任。他们需遵循职业道德规范，确保项目的每一步都符合伦理要求。

② 工程管理者：项目经理、工程监理等管理人员负责工程项目的整体规划和执行。他们需确保项目在各个阶段都遵循伦理原则，协调各方利益，妥善处理风险。

③ 企业和组织：实施工程项目的企业和组织应建立健全的伦理管理体系，明确伦理责任，确保项目从设计到实施的每一个环节都符合伦理标准。

④ 政府和监管机构：政府和监管机构通过制定法律法规和行业标准，监督和规范工程项目的实施，确保其符合公共利益和伦理要求。

⑤ 公众和利益相关者：公众和利益相关者在工程项目中扮演监督和反馈的角色，他们的参与有助于提高项目透明度和伦理合规性。

(3) 工程风险伦理的类型

工程伦理可以从多个维度进行分类，主要包括以下几种类型。

① 个人伦理：个人伦理涉及工程师个人在职业实践中遵循的道德原则和行为规范。它包括诚实、正直、责任感和专业精神等，强调个人对职业道德的内化和日常实践中的自觉遵守。

② 职业伦理：职业伦理是工程师作为一个职业群体共同遵循的道德规范和标准。这些规范和标准通常由专业协会或行业组织制定，旨在维护职业信誉和公众信任。职业伦理包括对专业技能的持续提升、对公众安全的高度关注以及对同事和客户的公平对待。

③ 组织伦理：组织伦理涉及工程项目实施主体（如公司、机构）在其运营过程中所遵循的道德原则和行为规范。组织伦理强调企业社会责任（CSR），包括环境保护、员工福利、公平贸易和社区参与等方面。它要求企业在追求经济利益的同时，考虑对社会和环境的影响。

④ 社会伦理：社会伦理关注工程项目对社会整体的影响，强调公平正义和公共利益。社会伦理要求工程项目在规划和实施过程中考虑弱势群体的权益，避免将高风险转嫁给社会中的弱势成员。它还包括公众参与和透明度，确保公众有机会了解项目的风险和收益，并参与决策过程。

⑤ 环境伦理：环境伦理涉及工程项目对自然环境的影响，强调可持续发

展和生态保护。环境伦理要求工程项目在设计和实施过程中尽量减少对环境的负面影响，采取措施保护自然资源和生态系统。

工程风险的伦理责任在现代工程实践中占据重要地位。理解工程伦理责任的含义，有助于明确工程师和相关主体在工程项目中的义务。通过个人伦理、职业伦理、组织伦理、社会伦理和环境伦理的全面结合，可以构建一个多层次的伦理责任体系，确保工程项目在实现技术和经济目标的同时，维护公众利益、保护环境并促进社会公正。这不仅提升了工程实践的社会认可度，也推动了工程领域的可持续发展和社会进步。工程师和相关主体应时刻牢记伦理责任，积极履行各自的职责，为社会和环境的美好未来贡献力量。

2.2 食品安全的概念与重要性

2.2.1 我国食品安全现状

食品作为人们赖以生存的重要资源，在任何时期都受到广泛的关注。随着经济社会的不断进步，人们的物质生活水平也在不断提高，对食品安全问题也越来越重视。近年来频频发生的食品安全事件在一定程度上影响了人们的生活质量和健康状况。

食品质量不稳定是我国食品安全面临的严重问题之一。不法商家为了追求利润，降低生产成本，采用劣质原料或添加非法添加剂，导致食品的质量不稳定，给消费者的身体健康带来巨大的危害。近年来发生过多起食品安全事故，其中就有食品质量不稳定而导致的。例如，某饮料企业为了降低成本，使用劣质原料制作饮料，导致多个消费者因饮用该饮料而出现食物中毒症状。另外，也有一些不法商家在食品生产过程中添加了非法添加剂，如工业染料、重金属等，这些添加剂对人体健康有潜在的危害，长期摄入这些含有非法添加剂的食品，可能会导致慢性中毒、器官损害等严重后果。

食品质量不稳定不仅会导致食物中毒等急性病症，还可能引发慢性病，如肝肾损害、神经系统疾病等，对于儿童、孕妇和老年人等群体的健康风险更大。此外，食品质量不稳定还对社会经济发展造成了负面影响。食品安全问题的频发导致消费者对食品市场的信任度下降，不利于食品行业的发展。

食品添加剂在食品生产过程中起到了改善食品品质、延长保质期等作用。然而，一些食品生产企业为了自身利益滥用食品添加剂，严重影响了人们的身体健康，对整个社会产生了负面影响。人们对食品行业的信任度降低，消费者对于食品质量的担忧将导致市场需求减少，进而影响整个食品产业链的发展。由于食品添加剂滥用的问题频发，监管机构的工作压力将不断增大，需要投入大量资源和人力进行食品安全监管，这也对社会财政造成了一定负担。

食品安全监管部门在食品安全方面的监管不到位，导致一些不法商家逃避监管，从而对人们的身体健康造成威胁，需要引起高度重视。例如，某食品生产企业在生产过程中超量、超范围使用添加剂，以延长产品的保质期。但监管部门在抽检环节未能及时发现这一问题，导致这些产品进入市场并被消费者购买和食用。长期摄入可能对人体健康造成潜在危害，如损害肝脏和肾脏功能、影响免疫系统等。出现该问题的原因可能是监测手段不完善、监管力度不大等。一些不法商家利用监管部门的薄弱环节，采取各种手段逃避监管，如伪造检验报告等，严重破坏了食品市场秩序。

2.2.2 食品安全监管

加强食品安全监管是确保人们身体健康的重要举措。为此，相关部门需要加大对食品生产企业的监督力度，以确保食品质量符合安全标准。对于不法企业，监管部门应该采取严厉的处罚措施，如罚款、吊销生产许可证等，以起到震慑作用。此外，监管部门应加强对食品质量的抽检和监测工作，确保市场上的食品符合安全标准。通过对市场上的食品进行定期抽检，可以及时发现不合格产品，并追踪到其生产企业，防止不合格产品流入市场。同时，监管部门还应加强与其他相关部门的合作，建立信息共享机制，提高监管的协同效能。例如，监管部门与食品药品监管部门、公安部门等建立联动机制，共同打击食品安全违法犯罪行为。通过信息共享和协作，可以更加高效地发现和处理食品安全问题，保障人们的身体健康。

加强食品安全监管不仅需要监管部门的努力，还需要企业和消费者的积极参与。企业应加强自身的食品质量管理，建立健全的食品安全管理体系，自觉遵守相关法律法规，确保产品的安全性。消费者应提高食品安全意识，选择合格的食品产品，及时将发现的问题反馈给监管部门，共同守护食品安全。通过加强食品安全监管，可以有效预防和减少食品安全事故的发生，保障人们的身体健康。只有在监管部门、企业和消费者的共同努力下，才能建立起完善的食品安全监管体系，确保食品市场的安全和稳定。

加强食品生产环节的监控是保障食品安全的重要环节。为此，需要加强对食品生产企业的许可和登记管理，以确保企业具备生产食品的资质和能力。例如，在某地的食品生产企业中，监管部门加强了对企业实施许可和登记的管理，要求企业必须获得相关许可证和登记证书后方可进行食品生产。只有经过审批且符合相关标准的企业才能合法生产食品，这一方案的实施有效保障了食品生产过程的安全性和合规性。

加强对食品生产企业的许可和登记管理能够促使企业提高自律意识。企业在申请许可和登记时，需要提交相关的资质和证明文件，接受监管部门的审核和审查。这就要求企业自觉遵守食品生产的相关法律法规，确保生产过程的安全性和合规性。只有具备良好自律意识的企业才能通过相关审查和审核，获得相应的许可和登记。此外，监管部门还应对已经获得许可和登记的食品生产企业进行定期监督检查，确保企业在生产过程中持续符合相关标准和要求。例如，监管部门可以定期对企业的生产设备、原料采购、生产操作等进行抽查和检测，确保食品生产过程的安全和规范。

加强食品生产环节的监控不仅需要监管部门的努力，还需要企业的积极配合。企业应加强自身的管理和监督，建立健全的质量管理体系，确保食品生产的合规性。例如，食品生产企业应严格按照相关标准和要求进行生产操作，确保产品的质量和安全性。通过加强对食品生产企业的许可和登记管理，可以有效提高食品生产环节的监控水平，确保食品生产的安全性。只有在监管部门、企业和消费者的共同努力下，才能建立起完善的食品生产监控体系，保障食品市场的安全和稳定。

加强食品安全宣传教育是保障食品安全的重要手段。通过向消费者普及食品安全知识，可以提高他们的食品安全意识，增强消费者的自我保护能力。例如，在某地进行食品安全宣传活动时，相关部门通过电视、广播、报纸等多种途径向公众传达食品安全知识，如播放食品安全知识宣传片、发布食品安全相关报道和文章等，引导公众正确了解和掌握食品安全知识。此外，还可以通过社区、学校、企事业单位等开展食品安全讲座、培训等活动，向消费者普及食品安全知识。通过加强食品安全宣传教育，消费者可以了解食品安全的重要性和影响因素，学习正确的食品储存（如将易腐食品放入冰箱冷藏、避光保存，避免食品变质）、烹饪和食用食品方法，提高他们的食品安全意识。

综上所述，食品安全是一个涉及多个层面和利益相关方的复杂问题，关乎人体健康、公共卫生、经济发展和社会稳定等方面。只有通过加强食品安全管理、监管和教育，全面提升食品供应链的安全性和可靠性，才能实现可持续的食品安全。我们每个人都应该关注食品安全，积极采取行动，为自己和社会的健康与福祉作出贡献。

2.2.3 食品安全权

食品作为人和人类世界得以存在的基本前提，既是物质实体又有善的意蕴，事关个体、他人与群体的生命存续和发展。食品安全有益于人的健康和生命，而不安全的食品，是对人身心健康的戕害。

食品安全权是作为食品消费者的个人基于自身生命存续、生存需要而提出的一种人权要求和价值期盼，亦即对食品生产、食品加工及食品来源所提出的一种能够满足其饮食安全、饮食健康等需要的权利要求，同时也是一种要求国家提供法律保护和伦理庇护的权利。食品安全权作为食品领域新兴的人权理念，实质是应用伦理学视域下的基本人权，内含对公民生命权、健康权和安全权的价值认同和权利确证，本质上是对人的生命价值的尊重、生命权利的维护和对饮食健康或无害的保障。食品安全权具有丰富的伦理内涵。食品安全权是人之所以能存在、人之为人的最基本的价值诉求和人类最核心的价值关怀之一。食品安全权的伦理重要性，不仅事关人之身心健康、生活之正常运行与展开，同时也是社会基本善和良知的集中体现，还体现着对生命健康权和发展权的道德认可与尊重，是构筑社会底线伦理、公德良序和善治的基础。食品安全权具有维系人的生命体存在的自然善（存在）、追求健康和美好生活的自我善（发展）、为他人的食品安全之善生成共在的伦理世界（完善）等多重伦理深蕴，是自然善、自我善、他人善和社会善的有机统一。

(1) 食品安全权具有维系人的生命体存在的自然善

食品安全权内含的善首先体现为维系人的生命体或身体存在的自然之善。食品安全权以人的身体对食物安全需求的自然善为存在依据。人的身体是食品安全权价值存在的物理实体。人的生命有机体在食品缺乏后所朝向的是食品满足，在食品满足之后又转向食品缺乏，周而复始，直至死亡。所以，食品安全权的获得是一种持续性的状态。从经验层面和自相同一性的逻辑来看，食品缺乏，人的自然体处于失序状态，罹患疾病，身体器官受到损害，人在痛苦中丧失生命力。倘若食物缺乏超过自然体所能负荷的生理限度，人就会在器官衰竭中走向死亡。德国生命伦理学家库尔特·拜尔茨（Kurt Bayertz）指出，在某种极端的情况下，出于动物求生的本能我们宁愿舍弃我们自然体（如指甲，甚至肢体或器官）的一部分也不愿且不会放弃自然界（如水和食物）的一部分。如果说食品安全权保障的内容为我们生命有机体的存在提供质料上的支撑，那么维系及延续人生命有机体便为自然而然的"自然之道"展示自然之善的伦理神韵。出于人自然本能需求的食品安全之善本身是一种潜在的具有可能性的善，食品作为质料经由食品安全权的保障满足人的需要的具体实践路径是食品安全可能之善和现实之善的统一。所以，食品安全权内含维系人生命体存在和延续的自然善。

(2) 食品安全权内含追求健康生活的自我善

食品安全权内含自我善。我们以"吃的方式"将食品安全权的基质内涵——安全食品转化为人体必需之基本元素，且以人与食物（他者）的关系为基础生成人与自我的关系的精神理念，蕴含着自我对健康和善的生活的追求，这便是食品安全权内含自我善的表现。

食品安全权内含的自我善展现为由"自在"之食物向人工之食物的转变。拥有自我意识的人意识到生命（存在和发展）着眼于自身本能欲望的满足的应然，这就"允许他（或迫使他）以一种积极的、有意识的方式参与大自然（获取食物）"。食物维持人的生命健康，促进快乐和满足，但它也可能是疾病的来源，所以"自然生产的食品必须改进和提炼"。在"改进和提炼"的过程中，人通过观察发现、分析判断、综合体验选择适合且有益于人自然体的食物，进而不断地培育、优化自然之食物。自我根据需要否定并抛弃原始、不健康的食物，积极培育、优化自然之物以获取健康的食物，进而提升食品的安全营养结构,这就意味着人工食物的产生。

(3) 食品安全权具有追求健康生活的人际交往善

食品安全权内含的善呈现为我为他人和他人为我的人际交往善。食品安全权内含为他之善。食品安全权不是一种对他人外在的自我特殊性,其包含着他人的需要、利益和目的。食品安全权内含的为他之善体现在情感和理性两个方面。基于情感的食品安全为他之善可以为向亲人、熟人和陌生人提供食品做心理支撑。毋庸置疑,为他人提供食品安全属于需要付出代价的积极的行为,但"爱有差等"使得他们无法在近亲和陌生人之间一视同仁。理性为宽泛意义上的增进他人福祉的食品安全之善提供有力的约束,形成强大的共同体意识和利他机制。"自我仅仅作为同样真实存在世界上的他人中的一个",他人与自己有着一样的基本需求。食品安全作为人们共同的基本的利益需求,为他的食品安全之善在各种社会关系中有机生成。

(4) 食品安全权具有确保公民饮食健康无害的社会善

食品安全权内含社会善。社会有责任确保社会成员的食品安全,并以此作为尊重生命、尊重人格、尊重人权的价值确证。社会应该而且必须采取有力、有效的措施,通过组织活动乃至契约法规保障每一个社会成员的食品安全,进而显示出对人之生命和价值的尊重,增强社会成员的认同感、归属感,创建一种以食品安全为基础的命运共同体。食品安全权益的享有以自然、正当、平等为特征,维护彼此的食品安全权是社会成员的义务,它是社会有序运行的基础。

食品安全权以人的生命体对食物安全需求的自然善为存在依据。人的生命体是食品安全权价值存在的物理实体。在人类世界,食品安全权的价值并不止步于维系存在的自然善,还融入了人主观上对食品安全价值需求进而追求健康和善好生活的自我善。实现对健康、营养、无害的食物的追求需要为我之善和为他之善的交互协作,即我为他人和他人为我的人际交往善。而且,食品安全权还是确保公民饮食健康无害的社会善。食品安全权的伦理之善乃维系人生命体存在的自然善、追求健康生活的人际交往善和确保公民饮食健康无害的社会善的统一。食品安全权具有善的规定性,它关乎人对食品安全的利益与意愿、人们共同生活的食品安全需求,以及保障他人食品安全的利益和尊重在其基础上的生命尊严、人格完整。

2.3 食品安全伦理的原则和要求

2.3.1 食品安全伦理基本原则

食品安全伦理原则是指在食品安全管理和决策中应遵循的道德准则和价值观。食品安全问题涉及人类的健康、生命和社会福祉，因此必须在伦理原则的指导下进行决策和行动。食品安全伦理的基本原则包括公正原则、尊重原则、效益原则、谨慎原则和可持续性原则。

(1) 公正原则

① 公正的分配：食品安全管理应确保公正的食品分配，以满足人们基本的营养需求和权益。在资源有限的情况下，应根据需求、脆弱群体和特殊情况进行公正的分配决策，避免食品短缺和饥饿问题的出现。

② 公正的机会：食品安全管理应提供公正的机会，确保每个人都有获取安全食品的平等机会，无关其地域、经济状况、种族背景或其他特征。

③ 公开透明：食品安全管理决策和相关信息应公开透明，确保公众能够了解食品的安全性和决策过程，以便他们做出明智的选择和参与监督。

(2) 尊重原则

① 尊重人的尊严：食品安全管理应尊重人的尊严，确保人们在食品生产和供应链的各个环节中受到尊重和平等对待，不受歧视和虐待。

② 尊重意愿和选择权：食品安全管理应尊重个人的意愿和选择权，允许他们根据自身的信仰、文化和偏好选择安全的食品，同时提供充分的食品信息和知情权。

③ 尊重多样性和文化差异：食品安全管理应尊重不同文化背景和习惯，充分考虑不同群体对食品的需求和偏好，确保食品安全政策和措施不以一种文化为基准，而是多元、包容性的。

(3) 效益原则

① 最大化食品安全效益：食品安全管理应追求最大化的食品安全效益，确保食品供应链中的每个环节都能为人类的健康和社会福祉作出最大的贡献。

② 风险权衡：在食品安全管理中，应进行风险权衡，平衡不同利益相关方之间的权益和需求。需要权衡食品安全措施的成本、效果和风险，做出符合

整体效益最大化的决策。

③ 食品创新和科技进步：食品安全管理应鼓励食品的创新和科技进步，以提高食品安全管理和监测的效率和准确性，确保食品供应链的食品安全问题得到有效控制。

(4) 谨慎原则

① 预防原则：食品安全管理应采取预防措施，预见和防范潜在的食品安全风险和威胁，避免事故和疾病的发生。预防措施包括食品安全教育、食品监测、风险评估和控制措施等。

② 责任原则：食品安全管理应明确各利益相关方的责任，并推动其履行相应的责任。包括政府、企业、公民社会组织和个人在内的各方应承担起食品安全管理中的责任，确保食品供应链的食品安全问题得到有效解决。

③ 防范原则：食品安全管理应具备防范意识和能力，及时应对可能发生的食品安全危机和事件。建立灵活的危机管理机制和应急预案，以快速、有效地应对食品安全问题，保护公众的权益和安全。

(5) 可持续性原则

① 经济可持续性：食品安全管理应追求经济可持续性，通过合理的资源配置和经济激励机制，促进食品安全生产和流通的可持续发展。

② 社会可持续性：食品安全管理应追求社会可持续性，强调社会公正和平等原则，避免食品安全问题对特定群体造成不平等的影响，并促进社会共享食品安全的成果。

③ 环境可持续性：食品安全管理应追求环境可持续性，遵循环境保护原则，减少对环境的污染和破坏，推动可持续农业和食品生产方式的应用。

食品安全伦理原则是指导食品安全管理和决策的道德准则和价值观。公正原则强调食品的公正分配和公开透明；尊重原则强调尊重个体权益和多样性；效益原则着眼于最大化食品安全效益和风险权衡；谨慎原则强调食品安全的预防和负有责任；可持续性原则关注经济、社会和环境的可持续发展。遵循这些原则可以推动食品安全管理的公正性、可持续性和社会责任，保障人们的健康和福祉。

2.3.2 食品安全伦理要求

食品是人类生命的重要组成部分，食品安全是人类最基本的生存需求和权利。食品安全伦理要求是指在食品安全管理决策和行动中应遵循的主要伦理要求和标准。食品安全伦理的要求包括人类尊严、社会公义、公共参与、风险防范和可持续发展等。

(1) 人类尊严

食品安全伦理要求中，最主要的一个就是尊重人类的尊严。食品与人类的尊严紧密相连，保障食品安全也是保障人类尊严的表现之一。尊重人类尊严是食品供应链所有环节最基本的道德要求。

① 禁止食品的虐待：在食品供应链所有环节中，应该禁止虐待动物或任何生物，并且应该避免对人类和环境造成伤害。

② 确保自主与自由：为了确保个人的尊严，食品应该准确标明成分、营养价值及含有的不良物质。

③ 避免食品泄漏：食品泄漏将影响自然生态体系，对人类场所和环境带来潜在的尊严伤害，并会对社会尊严造成负面影响。

(2) 社会公义

① 公正的利益分配：在食品供应的所有环节中都应该遵循公正的原则，确保食品的安全性能够得到公正评估，消费者能够享受到高质量的食品安全管理系统及其监管保障。

② 避免偏见与歧视：向世界展示具有宽广视角的观念意义所在，以避免在食品安全管理中出现种族、性别、身份等差异的偏见和歧视。

③ 鼓励社会公正和互助：为了确保食品安全伦理的实现，社会公正和互助是极为必要的。政府机关、行业协会及相关公共机构应与民间团体、非政府组织及个人合作保障食品生产和流通安全性。

(3) 公共参与

① 加强公众教育：加强公众的教育意识及食品安全知识素质，使社会能够理解食品安全的必要性，并知道如何购买、烹饪甚至在某些情况下制作食品。

② 促进公众参与：政府机关、行业协会及相关公共机构应该与公众建立起可信赖的合作关系。公众能够通过有效的信息核查来确保食品安全性的兑现，同时也能够给予更充分的支持以促进食品安全的进一步提升。

③ 开放食品评估：食品供应链中的每个环节，都应该依据客观标准进行

评估。政府机关及行业协会应尽可能开放这些评估标准，以便公众、研究机构及针对有争议问题感兴趣的利益相关方进行监督和参与。

（4）风险防范

① 预防性原则：食品安全管理应采取预防措施，预见并避免潜在的食品安全风险的发生。采取科学的风险评估和监测手段，及时检测和控制潜在的食品安全问题。

② 透明和完整的信息披露：食品供应链中应提供透明、准确、完整的食品信息，包括生产、加工、运输、储存和销售环节的相关信息，以供消费者和监管机构进行知情决策。

③ 风险传播和管理：在食品安全风险发生时，需要及时、全面地向公众传播风险信息，提供风险管理和应对措施，以减少食品安全事故的影响和损失。

（5）可持续发展

① 资源的可持续利用：在食品生产和供应链中，应使用可持续的资源和生产方式，减少能源和水资源消耗，减少环境污染和生态系统破坏。

② 社会责任：食品供应链的各方应承担社会责任，推动社会公正、环境保护和社会经济发展的和谐统一。

③ 生物多样性保护：食品供应链应尊重和保护生物多样性，避免使用对生态系统和物种造成损害的生产方式和农药。

食品安全伦理主要要求是保障人类尊严、追求社会公义、促进公共参与、加强风险防范和实现可持续发展。在食品安全管理决策和行动中，应遵循这些要求，确保人类的健康和福祉得到保障。通过加强食品安全伦理主要要求的落实，可以建立起公正、透明、可靠的食品安全管理机制，为人们提供安全、健康的食品选择，并为可持续发展作出贡献。

2.4 食品安全管理中的伦理困境和解决方案

2.4.1 食品安全管理中的伦理困境

食品安全管理中存在许多伦理困境，这些困境是在食品生产、加工、储存和销售等环节中的伦理冲突和权衡。食品安全是涉及千家万户的重要问题，因此其背后的伦理问题也具有重要的意义。本文将介绍食品安全管理中的一些典型伦理困境，包括信息不对称、商业利益与公共利益的冲突、权力不平等和不公平分配等问题。

(1) 信息不对称

① 产品标签和信息披露的困境：消费者对于食品的安全与品质有着高度的关注，然而，供应商在产品标签和信息披露方面可能存在信息不对称的问题。部分企业可能会故意隐藏或模糊产品的真实信息，以追求经济利益。这样一来，消费者将难以获得真实的食品安全信息，并由此导致伦理困境。

② 不完整的信息传递：在食品供应链的各个环节中，存在信息传递不完整的问题。各个环节的参与者可能会有意或无意地忽略、遗漏或歪曲某些关键信息，从而误导消费者或监管机构。这会导致食品安全问题无法得到及时解决，进而产生伦理困境。

③ 依赖于第三方认证机构的限制：为了弥补信息不对称的问题，许多食品企业会寻求第三方认证机构的认证标志。然而，这些认证机构的独立性和公正性可能受到商业利益的影响，从而引发伦理困境。消费者很难判断认证机构的可靠性和其所代表的标准是否真正符合食品安全要求。

(2) 商业利益与公共利益的冲突

① 大规模生产与食品安全之间的平衡：随着食品需求的增长，许多企业选择大规模生产来满足市场需求。然而，大规模生产可能导致一些食品安全问题被忽视，如使用劣质原料、加工过程不当等。这种情况下，企业的经济利益与公众的食品安全需求之间存在冲突，引发伦理困境。

② 利润最大化和食品质量的平衡：某些企业为了追求利润最大化，可能会降低生产成本、减少品控措施或采用劣质原料。这种行为将会对食品的质量和安全性产生负面影响，涉及商业利益与公共利益的冲突，引发伦理困境。

③ 压缩食品供应链中的环节：为了降低成本和提高效率，一些企业可能会试图压缩食品供应链中的环节，从而忽略或减少某些必要的环节，例如检测和监控。这种行为可能导致食品安全问题的漏检和滞后处理，引发伦理困境。

(3) 权力不平等

① 食品监管机构与食品企业的关系：食品监管机构与食品企业之间存在

着权力不平等的困境。监管机构应该具有独立性和公正性,以确保食品安全标准的制定和执行。然而,由于食品企业可能拥有经济实力和政治影响力,监管机构可能受到其影响,导致监管行动的不公正或不力。这种权力不平等会导致食品安全管理的伦理困境,从而使公众的利益无法得到有效保障。

② 不公正的食品标准制定:食品标准的制定应该基于科学和公众健康的考虑,保障公众的利益。然而,一些行业组织或利益集团可能会施加压力,使得标准制定过程受到商业利益的干扰。这样一来,食品安全标准可能与实际需求不符,引发权力不平等和伦理困境。

③ 弱势群体的权益保护:在食品安全管理中,一些弱势群体,如农民、工人和消费者可能因为缺乏权力和资源而无法获得充分的保护。例如,农民可能受到不公正的供应商合同或收购价格的压迫,工人可能面临不安全的工作环境,消费者可能难以获得真实的食品安全信息。这种权力不平等将会导致伦理困境,违背了公平和正义的原则。

(4) 不公平分配

① 地区差异和资源不均衡:在食品安全管理中,不同地区之间可能存在食品资源的差异和不均衡分配问题。一些地区可能面临着资源匮乏、环境恶劣或基础设施不完善的情况,导致食品安全水平较低。这样一来,公众在享受食品安全权益的平等性方面存在困境,引发伦理问题。

② 社会经济地位和食品安全:社会经济地位的差异可能导致不同群体在食品安全方面的不平等。低收入群体可能面临着更高的食品安全风险,因为他们往往无法支付高品质食品的价格或无法获得足够的食品选择。这种不平等的食品安全问题涉及公平和正义的伦理困境。

③ 全球食品安全的分配:食品安全是一个全球性的问题,不同国家和地区之间存在着食品资源的不平衡和分配问题。一些地区可能面临饥饿和营养不良的挑战,而其他地区却存在粮食过剩和浪费的问题。这种全球性的不平等分配引发了食品安全管理中的伦理困境,需要在国际合作和协调中解决。

食品安全管理中的伦理困境是一个复杂而严峻的问题,在解决这些困境时,需要平衡商业利益、公共利益、公平分配和权力平等的要求。政府、食品企业、消费者和社会组织等各方应共同努力,制定和执行科学严谨的食品安全标准,提高食品的可追溯性和透明度,强化食品供应链的管理,加强对食品供应链中各环节的监管，提高弱势群体的保护力度，实现食品安全资源的公平分配和社会公正。只有这样，才能更好地保障公众的健康权益，营造有序和安全的食品供应环境，让消费者在享受美食的同时，也能享受健康和幸福的生活。

2.4.2 食品安全伦理困境的解决方案

食品安全是一个涉及人们生命安全和健康的重要问题。然而，由于社会、经济、技术等多种因素的影响，食品安全领域经常面临着伦理困境。这些困境涉及生产者的利益、消费者的健康、环境的保护等多个方面。解决食品安全伦理困境，需要全社会的共同努力和系统性的解决方案。以下是针对食品安全伦理困境的对策建议。

（1）强化食品安全监管

加强对食品生产、加工、流通等环节的监管力度，制定更加严格的食品安全标准和法规，确保食品生产过程符合规定和标准，保障消费者的健康权益。

（2）提升食品从业人员伦理意识

加强食品行业从业人员的伦理培训和教育，强化他们的食品安全责任感和道德意识，使其能够自觉遵守职业道德准则，杜绝违法违规行为。

（3）建立食品安全责任追溯体系

建立完善的食品安全责任追溯体系，加强食品源头管理，追踪食品生产加工的全过程，一旦发现问题能够及时定位责任，并采取有效措施加以解决。

（4）推动食品行业自律

引导食品行业建立自律机制，加强行业协会、企业自律管理，建立行业道德准则和行为规范，引导企业主动履行社会责任，保障食品安全。

（5）强化食品安全风险管理

加强食品安全风险评估和管理，建立科学的风险识别、评估、控制和应对机制，有效降低食品安全风险，提高食品安全保障能力。

（6）提升消费者食品安全意识

加强食品安全知识普及和宣传教育，提升消费者的食品安全意识和自我保护能力，引导消费者正确选择食品，增强消费者对食品安全的关注和监督力度。

(7) 加强舆情监测和危机应对

建立食品安全舆情监测机制，及时发现和应对食品安全事件，加强危机公关管理，提高食品企业和监管部门的危机应对能力，确保食品安全事件得到及时有效解决。

(8) 鼓励科技创新与信息透明

鼓励食品行业加大科技创新力度，借助先进技术手段提升食品生产加工安全水平，保障产品质量。同时，倡导企业在食品安全问题上保持信息透明，及时公布产品成分、检测报告等相关信息，增加消费者信任度。

(9) 健全监督体系和严格执法

加强食品安全监督执法力度，建立健全的监督体系，压实监管责任。对食品违法违规行为进行严厉打击，惩治违法企业和个人，维护食品市场秩序，提升食品安全信誉。

(10) 跨界合作与信息共享

加强国际食品安全合作与信息分享，分享国际先进经验与技术，加强跨界监管合作，共同应对跨国食品安全问题，促进全球食品安全治理水平的提升。

(11) 社会责任和可持续发展

食品企业应当积极承担社会责任，推动可持续发展。注重生产过程中的环境保护和社会责任，倡导绿色生产和可持续发展理念，确保食品生产过程对环境和社会的影响最小化。

(12) 加强食品安全教育与宣传

通过开展各种形式的食品安全教育活动和宣传，提高公众对食品安全的认识和重视程度。提供专业知识培训、举办宣传活动，增强广大民众的食品安全意识，培养正确的食品消费行为。

(13) 政策法规优化和完善

不断优化和完善食品安全相关的政策法规，及时跟进行业发展和技术变革，适应新形势下食品行业的管理需求，保障食品安全监管体系的科学合理性和有效性。

(14) 建立食品安全危机管理应急机制

建立健全的食品安全危机管理应急机制，明确各相关部门的职责和协作机制，迅速响应突发事件，有效处理食品安全危机，最大限度减少危害，降低损失。

（15）鼓励消费者投诉和举报

建立和完善消费者投诉和举报机制，鼓励消费者对食品安全问题进行监督和检举，保障消费者的知情权和参与权，推动企业遵守法规，确保食品质量和安全。

总之，解决食品安全伦理困境需要政府、企业、科研机构、媒体和公众的共同努力。只有形成全面性、协同作战的安全保障机制，才能有效地保障人们的食品安全和健康。在这个过程中，需要高度重视伦理方面的因素，充分体现"人本"理念，以人民的健康和安全为出发点，为人民谋利益，使每个人都能吃到放心、安全、健康的食品，让食品安全伦理困境不再成为困扰社会的顽瘴痼疾。

本章小结与建议

本章重点探讨了食品安全与工程伦理的议题。在现代社会中，食品安全和工程伦理的重要性已经成为广泛关注的焦点。通过初步了解食品安全的意义和伦理责任，我们可以更好地理解这两个概念之间的关系。食品安全与工程伦理是一个不断发展和引起广泛关注的议题。通过加强监管、增强意识、推动科技创新、加强合作和强调企业社会责任，通过学习食品安全和工程伦理关系，明确食品安全与工程伦理面临的挑战，可以为人类提供更加安全、健康和可持续的食品。

参考文献

[1] 王泽应，林翠霞. 论食品安全权的权利伦理基质及其价值 [J]. 湖南大学学报（社会科学版），2024，38（3）：103-108.

[2] 姚允杰. 论食品安全权的法律保障 [J]. 法制与社会，2011（26）：2.

[3] 易小明，林翠霞. 论食品安全权的伦理之善 [J]. 伦理学研究，2024（1）：97-101.

[4] 井佳妮. 伦理视角下食品安全问题的成因与对策 [J]. 食品界，2023（5）：65-67.

[5] 朵庆恩. 责任伦理视角下的食品安全问题思考 [J]. 食品界，2016（8）：43-44.

[6] 李玲玲,赵晓峰.食品安全风险文化批判与风险伦理责任的构建[J].大连理工大学学报(社会科学版),2021,42(5):123-128.

参考案例

参考案例1 英国疯牛病事件

1986年10月,在英国东南部的一个小镇上,出现了一头奇怪的病牛。这头牛初发病时无精打采,随后出现烦躁不安,站立不稳,步履踉跄,动作不能保持平衡的现象,最后口吐白沫,倒地不起。经过有权威的兽医的诊断,确诊这头牛得的是疯牛病(牛海绵状脑病)。疯牛病的直接起因是饲料,牛畜产业主们为了加速牛的催肥和产奶,在饲料中添加了动物内脏和动物骨粉,而患有疯牛病的病畜体亦被加入其中。牛在食用了这种添加剂后,便受到了感染。这是英国第一次出现疯牛病,自此,疯牛病便恶作剧般在整个英国蔓延开来。

1992年,疯牛病像瘟疫般在英国流传,至1997年初,英国有37万头牛染上了疯牛病,16.5万头牛因病死亡。仅1996年,英国政府为养牛户支付的赔偿费就达8.5亿英镑。不仅如此,不久又发现疯牛病危及了人类,一些人食用了患有疯牛病牛的肉而患上与疯牛病同症状的病,被称为"克-雅病"(CJD),又叫"人疯牛病"。CJD患者大脑组织充满细小的空洞,因而该病又被称为海绵状脑病。此病可导致大脑损害,人变得痴呆、震颤并最后因大脑破坏严重而死亡。

这一事件迫使欧盟决定禁止英国向欧盟和其他国家出口活牛、牛肉及牛制品,要求英国将30个月以上的肉牛全部杀掉并安全销毁。这一举措又使英国每年损失掉40亿英镑。在短短的几年时间里,疯牛病使英国的牛畜产业再衰三竭,溃败得几乎家丁无几。时至今日,疯牛病事件依然余波未平。

英国人曾以他们的养牛业和牛肉自豪。从21世纪初开始,全国数不胜数的养牛专业户就都在生物遗传研究人员的指导下进行了牛的品种改良。经过一代一代的基因改良,终于培育出来了优良品种的牛。这些牛个头大,精肉多,肉质鲜嫩,而且产奶多,奶味鲜美,营养丰富。这些遗传基因科学的结晶让英国人引以为荣。

然而就像所有的物种都有天敌一样，这些优质牛在疯牛病面前如此无能和无力。看着这些优良品种的牛纷纷倒下，最后因不能进食或感染其他疾病而死亡，人们不禁要问：经过一代一代品种改良后精选出来的优质牛怎么会如此不堪一击？

就在疯牛病死缠住优质牛的时候，人们在英国的一个偏僻的小农场里却意外地发现，一对老夫妇喂养的一群没有经过基因改良的瘦小丑陋的牛没有一头得疯牛病。这一发现使人们恍然大悟，开始对基因改良产生怀疑。

生物的许多功能基因是连在一起密不可分的，每个功能基因或基因组都有共生现象，一个功能基因要发生作用，必须依赖于其他基因的存在和协同，所谓"好"的基因通常也是和"坏"的基因搭配在一起的。疯牛病之所以在英国肆虐蔓延，正是因为人们在进行基因改良时把优质牛基因中的抗病能力一起改良掉了，使它们丧失了抗病毒的能力。

目前，随着基因研究不断出现的重大发现和突破，克隆生物、转基因植物等名词对人们来说已不陌生。人们企望利用基因技术改变生活，造福于人类，人们相信21世纪是基因的时代。然而，一些科学家对此也不无担心，克隆技术只能增加某个物种的数量，而不会增加其基因的多样性；转基因植物或许会因某种优势而失去其他优势，或许会因其优势排挤掉其他物种，或许会给人类带来致命的疾病。基因工程就像一把双刃剑，它会给人类社会带来突破性的转变，但也可能给人类社会带来无法预料的灾难。

参考案例2　比利时二噁英污染事件

1999年，比利时的二噁英污染事件在全世界引起了轩然大波，先是在比利时的肉鸡、鸡蛋中发现剧毒物质二噁英，接着又在猪肉、牛肉中发现了此类污染物。比利时政府下令，在全国禁止销售1999年1月至6月期间生产的禽畜食品。事件引发了比利时卫生部长和农业部长引咎辞职，联合政府垮台，时任首相德阿纳下台。

1999年2月，比利时养鸡业者发现饲养的母鸡产蛋率下降，蛋壳坚硬，肉鸡出现病态反应，因而怀疑饲料有问题。调查发现，荷兰三家饲料原料供应厂商提供了含二噁英成分的脂肪给比利时的韦克斯特饲料厂，该饲料厂1999

年1月15日以来，误把原料供应厂商提供的含二噁英的脂肪混掺在饲料中出售。已知其含二噁英成分超过允许限量的200倍左右。被查出的该饲料厂生产的含高浓度二噁英成分的饲料已售给超过1500家养殖场，其中包括比利时的400多家养鸡场和500余家养猪场，并已输往德国、法国、荷兰等国家。之后，先是在比利时的肉鸡、鸡蛋中发现剧毒物质二噁英，接着又在猪肉、牛肉中发现了此类污染物。

5月27日，比利时电视台率先披露事件真相，当地媒体称之为"鸡门事件"，引起轩然大波。一夜之间，比利时畜产品及相关食品在国际上的良好信誉丧失殆尽，畜牧业及相关的食品工业顷刻陷入完全瘫痪状况。

5月28日到6月6日，比利时卫生部陆续下令，禁止屠宰、生产、销售和回收可能被二噁英饲料污染的一切动物性食品，包括1月15日到6月1日期间生产的鸡肉、鸡蛋、猪肉、牛肉、乳品及其加工生产的食品。

6月3日，比利时政府宣布，由于不少养猪场和养牛场也使用了受到污染的饲料，全国的屠宰场一律停止屠宰，等待对可疑饲养场进行甄别，并决定销毁1999年1月15日至1999年6月1日生产的蛋禽及其加工制成品。

总结事件发生的原因，是比利时的畜牧业生产高度集约化。畜牧生产者购买商品饲料来饲养家畜，饲料生产完全工业化和专业化。欧美发达国家历来习惯把畜禽的脂肪内脏和植物油加工的下脚料作为动物能量和蛋白质补充饲料。引发这次二噁英污染事件的导火线正是脂肪及植物油下脚料。造成这场二噁英污染的真正元凶是福格拉公司，也就是油脂回收公司。比利时农业部的调查表明，这批含有高浓度二噁英的动物脂肪浓缩料共计98吨，先后供应本国、德国、法国和荷兰的13家饲料厂用于生产饲料，总计生产含二噁英的污染饲料1060吨，转售给上述四国饲用。污染饲料涉及鸡场445家、猪场746家、牛场393家。

二噁英事件不仅极大地冲击了比利时畜产品和食品的生产与供给，引起消费者的恐慌，而且引发了政局的动荡。1999年6月1日，迫于强大的国际和国内压力，比利时卫生部长和农业部长引咎辞职。6月13日，比利时国会选举结果揭晓，执政的左翼联盟惨败，联合政府垮台，时任首相德阿纳下台。

6月2日，比利时司法机关逮捕了韦克斯特公司的两名经理，指控这两名父子经理出售的不是100%的油脂，并且未标明其中的成分，他们的经营活动存在着欺诈行为,与动物饲料污染案直接有关。

6月22日,事件的调查又有了突破性的进展。比利时警方宣布:此前受怀疑的韦克斯特公司提供的饲料并非真正的污染源,造成这场二噁英污染的真正元凶是另一家油脂回收公司——福格拉公司。该公司在未对装载废油的油罐进行检查的情况下,让工人在原本装过废机油富含二噁英的多氯联苯油罐里装入了收集来的废植物油,又将二噁英污染的油脂作为禽畜饲料的加工原料,致使比利时1400多家养殖场使用了被二噁英污染的饲料,由此酿成了这场灾难。于是,福格拉公司的两名负责人(一对兄妹)被法庭传唤,其中一人(哥哥)被拘留。与此同时,已被关押20天的韦克斯特公司的两名父子经理被释放。

比利时的"二噁英污染事件"牵连了世界许多国家,各国纷纷采取紧急应对措施,宣布禁止进口比利时等一些欧洲国家的肉、禽、乳类等食品。

6月2日,欧盟决定在欧盟15国停止出售,并收回和销毁比利时生产的肉鸡、鸡蛋和蛋禽制品,以及比利时生产的猪肉和牛肉,并保留向欧洲法院上告比利时,追究其法律责任的权利。6月3日,美国农业部宣布禁止从欧洲进口鸡肉和猪肉,直到欧洲的肉食品完全摆脱污染,才会松解禁令。同时,销毁来自比利时的约1000个使用污染饲料的农场的畜产品。法国决定全面禁止比利时肉类、乳制品和相关加工产品进口,其中包括使用动植物油制成的糕饼。法国还专门成立了危机处理小组,封闭了70家有嫌疑饲料的养牛场。希腊农业部宣布,禁止进口及买卖比利时的鸡肉、鸡蛋、牛肉、猪肉及乳制品。对已进口的比利时冷冻鸡肉及蛋黄酱等产品进行销毁。6月7日,欧盟常设兽医委员会宣布支持欧盟执委会的上述规定,并进一步扩大对比利时食品出口的限制范围,所有猪、牛及其相关产品,包括奶类和牛油,均禁止出口。瑞士和俄罗斯停止比利时鸡肉类和鸡蛋产品的进口后,又禁止出售比利时的牛奶及乳制品、猪肉和牛肉制品。6月9日,中国卫生部向各省、自治区、直辖市卫生厅(局)发出紧急通知,要求各地暂停进口比利时、荷兰、法国和德国四国自1999年1月15日生产的乳制品、畜禽类制品,包括所有原料和半成品。

据统计,这次事件共造成直接经济损失3.55亿欧元,间接损失超过10亿欧元,对比利时出口的长远影响可能高达200亿欧元。

 思考与讨论

  1. 对于转基因食品，我们应该如何平衡食品生产的效益与食品安全和伦理的关注点？转基因食品可能对人类健康产生风险，但也能提供更高的产量和抗病能力。在制定政策和规定时，应该如何权衡这些因素？

  2. 食品浪费是日益严重的问题，我们应该如何通过工程伦理实践和创新技术减少食物浪费？传统的食品供应链存在许多环节导致食物浪费，从生产到加工、运输和销售。如何改善这些环节以最大限度地减少浪费？

  3. 在食品包装领域，塑料微粒污染已经引起了广泛关注。我们应该如何将工程伦理和可持续实践应用于食品包装的发展，以解决塑料包装对环境和人类健康的潜在影响？

  4. 在全球范围内，食品供应链的可持续性是一个重要议题。我们应该如何以工程伦理的方式推动食品供应链的可持续发展，包括农业实践、水资源利用、劳工权益和公平贸易等问题？

3 食品工程的价值与公正

引言

食品工程作为一门涉及食品生产、加工、储存、运输和安全的综合性学科，其研究和实践对于人类社会的发展具有重要意义。在当今全球化和工业化的背景下，食品工程不仅关乎技术和经济效益，更涉及价值观的确立、利益的分配及公正原则的践行。本章旨在探讨食品工程中的价值、利益与公正问题，强调这些因素在食品工程领域中的重要性和相互关系。

3.1 食品工程的价值及其特点

"工程"是一个外延很广的概念，包括诸多技术门类。所以工程就涉及复杂的不同人群之间的利益补偿、利益协调等问题。食品工程是满足人们生活必需的民生工程，其价值及其特点可以从工程的价值导向性、工程价值的多元性和工程价值的综合性等角度进行探讨。

3.1.1 食品工程的价值导向性

食品工程作为一门跨学科的应用科学，其价值导向性在技术创新和应用、经济效益和市场需求、社会责任和公共健康等多个方面均具有重要意义。无论是在推动技术进步、提升经济效益,还是在履行社会责任、保障公共健康方面,食品工程都发挥着关键作用,推动着社会的全面发展。

(1) 技术创新和应用

技术创新是食品工程发展的核心驱动力。食品工程通过不断的技术创新和应用,推动了整个食品产业的进步。

① 研发新技术:食品工程在新技术的研发方面不断取得突破,例如高压处理技术、超临界流体萃取技术和纳米技术的应用。这些技术不仅提高了食品加工的效率和质量,还带来了更高的食品安全性和更长的保质期。例如,高压处理技术可以在不破坏食品营养成分的前提下,有效杀灭病原微生物,保证食品的安全。

② 改进生产工艺:通过对现有生产工艺的改进,食品工程显著提高了生产效率,减少了资源浪费和环境污染。例如,智能化生产线和自动化控制系统的引入,使生产过程更加精准和高效,降低了人为操作的误差和成本。

③ 推动产品创新:食品工程通过技术创新,推动了新产品的开发和上市。例如,功能性食品、绿色食品和有机食品的研发,不仅满足了消费者对健康和环保的需求,也为企业开辟了新的市场空间。这些创新产品不仅提升了食品的营养价值,还增强了消费者的健康意识。

(2) 经济效益和市场需求

食品工程在经济效益和市场需求方面的导向性主要体现在提升企业竞争力和满足市场多样化需求上。

① 提高生产效率:通过技术创新和工艺改进,食品工程有效提高了生产效率,降低了生产成本。例如,自动化生产线和智能制造系统的应用,不仅减少了人力成本,还提高了生产的连续性和稳定性,增加了企业的经济效益。

② 降低生产成本:食品工程通过优化生产工艺和供应链管理,有效降低了生产和物流成本。例如,通过能量回收系统和废弃物处理技术的应用,企业能够减少能源消耗和废弃物排放,降低生产成本,提升利润率。

③ 满足市场需求:食品工程通过市场调研和消费者反馈,不断调整产品策略和生产计划,以快速响应市场需求。例如,通过引入大数据分析和人工智能技术,企业能够更准确地预测市场趋势和消费者偏好,优化产品供应链和库存管理。这种快速响应市场需求的能力,使企业在激烈的市场竞争中占据

优势。

④ 扩大市场份额：通过开发高质量和创新的产品，食品工程帮助企业在国内外市场上扩大市场份额。高品质的食品产品不仅满足了消费者的需求，还提升了企业的品牌形象和市场竞争力。

（3）社会责任和公共健康

食品工程在社会责任和公共健康方面的导向性体现在保障食品安全、推动营养均衡和健康饮食上。

① 保障食品安全：食品工程通过严格的生产标准和检测措施，确保食品在生产、加工和流通环节中的安全。例如，应用危害分析与关键控制点（HACCP）体系和 ISO 22000 食品安全管理体系，企业能够有效预防和控制食品安全风险，保障消费者的健康。

② 推动公共健康：食品工程推动了营养学的发展，通过开发营养均衡和健康的食品产品，帮助公众改善饮食结构，提升健康水平。例如，功能性食品和营养补充剂的研发，有助于解决营养不良和慢性疾病的预防问题。这不仅改善了公众的健康状况，还减轻了公共卫生系统的压力。

③ 履行社会责任：食品企业通过履行社会责任，提升品牌形象和社会声誉。例如，企业参与社区健康项目、支持公益活动和推动可持续发展，不仅履行了社会责任，还增强了公众对企业的信任和支持。通过这些社会责任行动，企业不仅树立了良好的社会形象，还推动了社会的和谐发展。

④ 促进食品公平分配：食品工程在推动食品公平分配方面也发挥着重要作用。通过技术手段提高食品生产效率和降低成本，食品工程确保了不同社会群体都能享有安全、优质和价格合理的食品，减少了食品分配中的不公平现象。

食品工程的价值导向性通过技术创新和应用、经济效益和市场需求、社会责任和公共健康等多个方面全面展现。在技术层面，食品工程不断推动新技术的研发和应用，提升了食品加工的效率和质量；在经济层面，通过提高生产效率和降低成本，满足了市场的多样化需求，提升了企业的市场竞争力；在社会层面，通过保障食品安全和推动公共健康，履行了重要的社会责任。未来，随着科技的不断进步和社会的不断发展，食品工程将继续在这些方面发挥重要作用，为人类社会带来更加深远的影响。

3.1.2 食品工程价值的多元性

食品工程涵盖了技术、经济、社会、伦理和环境等多个维度。其价值不仅局限于技术和经济层面，还涉及科学、社会、政治、文化、环境和伦理等多个维度。这种多元性价值使得食品工程在不同领域发挥着重要作用，推动着社会的全面进步。

(1) 工程的科学价值

食品工程的科学价值主要体现在技术创新和知识积累方面。通过科学研究和技术开发，食品工程不断推动食品生产和加工技术的进步，提高食品的安全性、质量和营养价值。例如，通过基因工程技术改良农作物品种，提高产量和抗病能力；通过纳米技术改善食品包装材料，延长食品的保质期；通过生物工程技术开发新型食品添加剂和功能性食品，提升食品的营养价值和健康功效。这些科学进步不仅丰富了食品工程的理论基础，还为行业实践提供了强有力的技术支持。

(2) 工程的经济价值

食品工程在经济领域的价值主要体现在提高生产效率和降低成本上。通过自动化和智能化生产设备的应用，可以大幅提高生产效率，减少人力成本和生产损耗。同时，食品工程通过优化生产工艺和供应链管理，降低生产和物流成本，增加企业利润。此外，食品工程还推动了相关产业的发展，如农业、物流、包装等，带动了经济的整体增长。例如，先进的食品加工技术可以提升农产品的附加值，提高农民收入，促进农村经济发展。

(3) 工程的社会价值

食品工程的社会价值主要体现在保障食品安全和公共健康上。通过严格的生产标准和检测措施，确保食品在生产、加工和流通环节中的安全，防止食品污染和食源性疾病的发生。此外，食品工程还通过推广健康饮食和营养均衡，改善公众的饮食习惯和健康状况。特别是在应对食品安全事件和公共卫生危机时，食品工程发挥了关键作用，通过科学检测和技术手段，迅速查明问题来源，采取有效措施，保障公众健康。

(4) 工程的政治价值

食品工程的政治价值体现在国家食品安全和国际贸易中。食品安全是国家安全的重要组成部分，确保食品供应的安全和稳定是政府的重要职责。通过制定和实施严格的食品安全法规和标准，食品工程为国家食品安全提供了技术保障。此外，食品工程还在国际贸易中发挥着重要作用。食品质量和安全标准的提升不仅增强了本国产品的国际竞争力，还促进了国际贸易的发展，提升了国家的国际形象和地位。

（5）工程的文化价值

食品工程的文化价值主要体现在对传统食品文化的传承和创新上。每个国家和地区都有其独特的饮食文化，食品工程通过现代技术手段保护和传承这些传统食品工艺。例如，通过冷冻干燥技术保存传统食品的风味和营养，通过发酵技术复原传统酿造工艺。此外，食品工程还在创新传统食品方面发挥了重要作用，通过新技术和新原料的应用，开发出具有传统特色和现代健康需求的新型食品，丰富了饮食文化的多样性。

（6）工程的环境价值

食品工程在环境保护方面的价值主要体现在资源节约和生态保护上。通过开发和应用绿色技术，减少能源消耗和废弃物排放，降低食品生产对环境的负面影响。例如，利用生物降解材料替代传统塑料包装，减少环境污染；通过循环经济理念，促进废弃物的资源化利用，实现废弃物的再生和循环利用。此外，食品工程还通过优化生产工艺，减少对自然资源的过度开发，促进农业和食品工业的可持续发展。

（7）工程的伦理价值

食品工程的伦理价值体现在对人类健康和环境保护的关注上。食品工程师在技术研发和应用过程中，应遵循伦理准则，避免对人体健康和环境造成不良影响。例如，避免使用对人体有害的化学添加剂，采用环保友好的生产工艺和包装材料，减少对环境的污染。同时，食品工程还应关注食品分配公正和公平，确保不同社会群体都能享有安全、优质和价格合理的食品，避免食品分配中的不公平现象。

食品工程的多元性价值通过科学、经济、社会、政治、文化、环境和伦理等多个维度全面展现。食品工程在社会责任、政治安全、文化传承、环境保护和伦理价值等方面发挥着重要作用。通过科学管理和系统性优化，实现食品工程的多元性价值，是推动行业可持续发展的关键。

3.1.3 食品工程价值的综合性

食品工程作为一门集科学研究、技术开发和产业应用为一体的综合性学科，其价值体现在多层面的协同作用以及全产业链的综合考量上，同时在长期效益与短期效益之间寻求平衡。

(1) 多层面价值的协同作用

食品工程的综合性价值要求在技术创新、经济效益和社会责任之间寻求平衡。例如，食品企业在追求经济效益的同时，应注重食品安全和消费者健康，通过技术创新提高产品质量，满足市场需求和社会期望。

(2) 全产业链价值的综合考量

食品工程的综合性还体现在对整个食品产业链的系统性管理上。从农田到餐桌的每一个环节，都需要进行科学管理和优化，以实现食品安全、质量和效率的综合提升。例如，通过精细化农业管理提高农产品质量，通过高效加工工艺和物流系统确保食品新鲜度和安全性，通过消费者教育和市场监管提升公众的食品安全意识和消费信心。

(3) 长期效益与短期效益的平衡

食品工程的综合性价值还体现在对长期效益和短期效益的平衡上。短期来看，企业追求利润最大化是合理的，但长期来看，企业需要通过可持续发展策略，保障资源的合理利用和环境的可持续性，避免短视行为对未来发展和社会福利造成不良影响。

食品工程在现代社会中的综合价值是多层面的，涵盖了技术创新、经济效益、社会责任、公共健康和环境保护等多个方面。这些方面的协同作用不仅推动了食品产业的持续发展，还促进了社会的进步和公众健康水平的提升。在全产业链的综合考量下，食品工程通过优化各环节的管理和技术应用，实现了生产效率和产品质量的提升。在短期效益和长期效益的平衡中，食品工程注重技术创新和品牌建设，确保了企业的可持续发展。未来，随着科技的不断进步和社会的不断发展，食品工程将在推动产业升级、提升公共健康、促进社会和谐发展和实现环保与可持续发展方面继续发挥重要作用。

综上所述，食品工程的价值及其特点通过价值导向性、多元性和综合性三个方面全面展现。食品工程不仅推动了技术进步和经济发展,还在社会责任、伦理价值和环境保护等方面发挥着重要作用。未来,随着科技的不断进步和社会的不断发展,食品工程将继续在多层面、多维度上为人类社会带来更加深远的影响。通过科学管理和系统性优化,实现食品工程的综合价值,是推动行业可持续发展的关键。

3.2 食品工程的对象及利益攸关方

食品工程在食品生产、加工、储存和供应的各个环节,涉及众多服务对象及攸关方(又称利益相关者),这些群体的利益和需求直接影响着食品工程的发展方向和成果应用。如何分配食品工程所带来的利益和好处,属于社会伦理问题,尤其是公平公正问题。因此,首先需要明确工程的目标人群和利益攸关方。

3.2.1 食品工程所服务的主要对象

食品工程作为一门致力于提升食品质量、安全性和营养价值的学科,具有广泛的应用领域和深远的社会影响。其主要目标人群包括消费者、食品生产企业、农业生产者、政府和监管机构、科研机构和学术界、环保组织等,而预期受益者则涵盖了上述所有群体以及整个社会。以下将详细探讨食品工程的目标人群及其预期受益者。

(1) 消费者

消费者是食品工程最重要的目标人群之一。食品工程通过改进生产工艺、开发新产品和提升食品安全标准,直接影响消费者的健康和生活质量。现代消费者对食品的要求不仅局限于口味和营养,更关注食品的安全性、健康效益和环境影响。食品工程通过引入先进技术,如生物工程、纳米技术和智能包装技术,满足消费者对健康、安全和可持续食品的需求。通过食品工程的努力,普通消费者将获得更加安全、健康和营养丰富的食品。这不仅有助于改善个人和家庭的饮食质量和健康水平,还减少了因食品安全问题引发的健康风险和医疗费用。

(2) 食品生产企业

食品生产企业是食品工程的重要合作伙伴和服务对象。通过优化生产工艺、提高生产效率和降低成本，食品工程帮助企业增强市场竞争力。同时，食品工程在食品安全控制、质量管理和新产品开发方面，为企业提供了科学指导，确保其产品符合市场和法规要求。长期来看，这将有助于企业实现可持续发展，增加盈利和市场份额。

(3) 农业生产者

农业生产者是食品供应链的起点，其生产的农产品直接影响食品质量。食品工程通过推广先进的农业技术和管理方法，提高作物和畜牧的产量和品质，减少病虫害和环境污染。此外，食品工程还帮助农民解决储存和运输问题，减少损耗，确保农产品的新鲜和安全。

(4) 政府和监管机构

政府和监管机构依赖食品工程专业知识来制定和实施食品安全标准和政策。食品工程为这些机构提供科学数据和技术支持，帮助其进行食品质量检测、风险评估和政策制定，保障公共健康和维护食品市场的秩序。通过科学监管和政策引导，政府能够有效应对食品安全危机，维护社会稳定。

(5) 科研机构和学术界

食品工程为科研机构和学术界提供丰富的研究课题和实践机会，推动食品科学和技术的不断创新和进步。这些研究成果不仅提升了学术水平，还为食品产业的发展提供了理论依据和技术支持。通过深入研究和技术创新，科研人员和学生能够推动食品科学的进步，培养更多高素质的食品工程专业人才，为行业发展注入新鲜血液。

(6) 环保组织

食品工程的可持续发展目标与环保组织的使命紧密相关。通过改进生产技术和工艺，减少食品生产对环境的负面影响。食品工程支持环保组织的工作，共同推动绿色和可持续发展。食品工程的绿色生产技术和循环经济理念，有助于减少食品生产和加工过程中的资源浪费和环境污染，推动生态环境的保护和可持续发展。环保组织和整个社会都将从中受益，享有更加清洁和健康的生活环境。

3.2.2 食品工程的利益攸关方

食品工程不仅影响消费者、食品生产企业、农业生产者、政府和科研机构等主要对象,还有许多其他重要的利益相关者在其发展和应用过程中扮演着不可或缺的角色。这些利益攸关方包括金融机构、媒体与公众意见领袖、非政府组织(NGO)、食品包装和设备制造商、食品技术服务提供商、零售和餐饮业、法律和咨询服务机构,以及教育和培训机构等。

(1) 金融机构

金融机构包括银行、投资公司和风险投资基金等,它们为食品工程相关的企业和项目提供资金支持。食品工程技术的开发和应用往往需要大量的资金投入,从研究开发到生产设备的购买,再到市场推广,资金都是不可或缺的。金融机构通过投资食品工程项目,不仅促进了技术创新和企业发展,也在金融市场中获得了收益。食品工程企业的成功也有助于提升金融机构的投资回报率。

(2) 媒体与公众意见领袖

媒体与公众意见领袖在食品工程的普及和推广中扮演着重要角色。通过新闻报道、专题节目和社交媒体等平台,媒体能够向公众传递关于食品工程的新技术、新产品和安全标准的信息,提高公众对食品安全和健康的意识。公众意见领袖,如知名专家、营养师和美食博主等,通过其影响力,能够引导消费者的选择和行为,推动市场对高质量、安全食品的需求,从而间接促进食品工程的发展。

(3) 非政府组织(NGO)

非政府组织在食品安全、营养健康和环境保护等方面发挥着积极作用。它们通过开展研究、提供培训和进行宣传,推动食品工程技术在社会中的应用和推广。NGO还常常参与政策制定和监督,确保食品工程技术的应用符合社会和环境的可持续发展要求。这些组织的努力不仅提高了公众的食品安全意识,也促使企业和政府更加重视食品工程的社会责任。

(4) 食品包装和设备制造商

食品包装和设备制造商是食品工程的重要合作伙伴。食品包装不仅影响食品的保鲜和安全,还直接关系到消费者的使用体验和环境影响。食品工程技术的进步需要先进的包装材料和设备来实现其生产目标。包装和设备制造商通过研发新材料和设计新设备，支持食品工程的创新和发展。这种合作关系不仅提升了食品的质量和安全性，还推动了整个包装和设备制造行业的技术进步。

（5）食品技术服务提供商

食品技术服务提供商包括提供检测、分析、认证和咨询服务的公司和机构。它们通过提供专业的技术支持，帮助食品企业提升产品质量、确保食品安全、遵守法规标准和改进生产工艺。例如，食品检测实验室提供食品安全检测和质量分析服务，认证机构进行食品安全管理体系的认证，这些服务都为食品工程的实施提供了保障和支持。

（6）零售和餐饮业

零售和餐饮业是食品工程成果的重要传播渠道。食品工程技术的应用不仅体现在生产环节，还在销售和消费环节得到体现。零售商和餐饮企业通过引进和推广高质量、安全的食品产品，直接将食品工程的成果传递给消费者。零售和餐饮业的需求和反馈也反过来影响食品工程的研究方向和技术改进。例如，市场对有机食品和健康食品的需求，促使食品工程技术不断发展，以满足这些新兴市场的需求。

（7）法律和咨询服务机构

法律和咨询服务机构在食品工程的发展中提供了必要的法律支持和专业建议。食品工程涉及复杂的法律法规，包括《中华人民共和国食品安全法》《中华人民共和国环境保护法》《中华人民共和国商标法》《中华人民共和国专利法》《中华人民共和国技术合同法》《中华人民共和国著作权法》《计算机软件保护条例》等。法律服务机构通过提供法律咨询、合规审查和争议解决等服务，帮助企业合法合规地开展业务。咨询服务机构则通过提供市场调研、战略规划和技术咨询等服务，帮助企业制订发展战略和技术路线，提升其市场竞争力。

（8）教育和培训机构

教育和培训机构在培养食品工程专业人才和提升从业人员素质方面发挥着关键作用。通过开设相关专业课程和培训项目，教育机构为食品工程行业输送了大量的专业技术人才。这些人才不仅掌握了先进的食品工程技术，还具备了创新思维和管理能力，推动了行业的持续发展。培训机构通过提供职业培训和技能提升课程，帮助在职人员不断更新知识和技能，适应行业的新变化和新要求。

食品工程的利益攸关方在食品工程的发展和应用中扮演着重要角色，通过提供资金支持、技术服务、法律咨询和市场推广等多方面的支持，推动了食品工程技术的创新和应用。各利益攸关方的共同努力不仅提升了食品的质量和安全性，还促进了食品产业的可持续发展，实现了社会效益和经济效益的双赢。

3.2.3 食品工程实践中社会成本承担及管理

食品工程在现代社会中扮演着至关重要的角色，它不仅关系到食品生产的效率和质量，还对社会、环境和经济产生深远影响。在食品工程实践中，各个利益攸关方的行为和决策往往涉及复杂的社会成本承担问题，其中包括邻避效应和工程活动的社会成本。

（1）社会成本承担

食品工程活动在带来经济效益和技术进步的同时，也产生了多种社会成本，这些成本往往由不同的利益攸关方共同承担。以下是食品工程实践中常见的社会成本类型。

① 环境污染成本：食品工程活动可能导致水、空气和土壤污染，影响生态系统和人类健康。例如，食品加工过程中的废水排放和空气污染物排放，需要投入大量资源进行处理和管理。这些环境污染的社会成本通常由整个社会承担，包括治理污染的公共开支和健康问题导致的医疗费用。

② 资源消耗成本：食品工程活动需要消耗大量的自然资源，如水、能源和土地。这些资源的过度使用会导致资源枯竭和环境恶化，进而增加社会的生态压力。为了维持资源的可持续利用，社会需要投入额外的成本进行资源保护和替代资源的开发。

③ 健康风险成本：不当的食品工程实践可能带来食品安全问题，导致消费者健康风险增加。这些风险包括食品污染、添加剂超标等问题，处理这些健康风险的成本包括医疗费用、食品召回和消费者信任损失。

④ 邻避效应：食品工程设施的建设和运营可能遭到附近居民的反对，即

所谓的邻避效应（NIMBY，not in my back yard）。居民担心食品工程设施带来的噪声、污染和交通问题会影响其生活质量和财产价值。邻避效应导致的社会成本包括项目延误、法律诉讼和额外的社区补偿支出。

（2）食品工程活动的社会成本管理

为了有效管理和减轻食品工程活动的社会成本，各利益攸关方需要采取综合措施，具体包括以下几个方面。

① 环境管理和治理：食品生产企业应采用先进的环保技术和管理体系，减少废水、废气和固体废弃物的排放。政府和监管机构应加强环境监测和执法力度，确保企业遵守环保法规。科研机构可以开发新技术，提升资源利用效率和污染治理水平。

② 可持续资源利用：通过推广节水、节能和土地集约利用等可持续发展实践，减少资源消耗成本。农业生产者应采用科学种植和养殖技术，提高资源利用效率。政府可以提供政策和财政支持，鼓励企业和农民实施可持续发展措施。

③ 食品安全保障：加强食品安全监管和检测，确保食品生产过程符合安全标准。企业应建立完善的食品安全管理体系，提升产品质量和安全性。消费者权益保护组织可以开展宣传教育，提高公众的食品安全意识和自我保护能力。

④ 社区参与和补偿机制：在规划和建设食品工程设施时，应充分考虑社区居民的利益和意见。通过社区参与机制，让居民参与决策过程，减少邻避效应。政府和企业可以建立补偿机制，对受影响的居民提供适当的经济补偿和福利支持。

⑤ 多方协作与利益平衡：各利益攸关方应加强沟通与合作，共同应对食品工程实践中的社会成本问题。政府可以发挥协调作用，推动企业、科研机构、环保组织和社区居民之间的合作，实现利益的平衡和共赢。

食品工程实践中的利益攸关方在食品工程活动中承担着不同的社会成本，如环境污染、资源消耗、健康风险和邻避效应等。有效管理这些社会成本需要各利益攸关方共同努力，通过环境治理、可持续资源利用、食品安全保障、社区参与和多方协作等措施，推动食品工程的可持续发展，最大限度地实现经济、社会和环境效益的平衡。

3.3 公正原则在食品工程中的实现

食品工程涉及的范围广泛，影响深远，涵盖了食品生产、加工、储存、运输、销售等各个环节。公正原则在食品工程中的实现，对于保障各利益攸关方的权益，促进食品产业的可持续发展，具有重要意义。

3.3.1 基本公正原则

公正原则是社会正义的核心内容，在食品工程中具有至关重要的地位，它不仅是保障各利益攸关方权益的基础，也是推动食品产业可持续发展的关键。公正原则可以分为程序公正和分配公正，二者共同作用以确保食品工程在决策和执行过程中实现公平、透明、参与性和平等。

3.3.1.1 程序公正

程序公正强调的是决策过程的透明、公平和参与性。在食品工程中，程序公正的实现可以通过以下途径。

（1）透明决策

公开信息：食品工程项目应公开相关信息，包括项目背景、环境影响评估报告、食品安全标准等。这不仅有助于消除公众疑虑，还能增强企业和政府决策的透明度。

数据公开：生产过程的监测数据、原材料来源、食品添加剂使用情况等信息应实时向公众公开，以确保食品安全和质量透明。

（2）公众参与

公众咨询：在决策前，应广泛征求公众意见，通过公示、听证会、问卷调查等方式，收集各方反馈。

参与机制：建立常态化的公众参与机制，确保社区居民、消费者等利益相关方能够持续参与到项目的规划、实施和监督中。

(3) 公平程序

法律和政策保障：制定和执行公平的法律法规和政策，确保所有攸关方在决策过程中得到平等对待。

程序规范：严格按照规范程序进行决策，避免任何形式的偏袒或歧视。

3.3.1.2 分配公正

分配公正关注的是利益和负担在各利益攸关方之间的合理分配。食品工程项目可能带来不同的经济和社会效益，同时也可能产生环境和健康风险，如何公平地分配这些效益和风险是实现分配公正的关键。

(1) 利益共享

经济利益：食品工程项目带来的经济利益应合理分配给所有相关方。包括利润分享、提供就业机会和职业培训等方式，使当地社区和工人能够分享到项目的经济收益。

公共设施改善：企业可以通过投资基础设施和公共服务，提升社区的整体发展水平。

(2) 负担分担

环境和健康补偿：对于食品工程活动可能带来的环境污染和健康风险，企业应承担责任并进行补偿。例如，通过污染治理、生态修复等措施减轻对环境的影响，并对受影响的居民提供医疗和经济补偿。

利益补偿：对因项目建设和运营而直接受到负面影响的个人或群体，如农民、居民等，应给予适当的经济补偿和支持，帮助他们应对损失和适应变化。

3.3.1.3 公正原则的具体措施

为了在食品工程中切实贯彻公正原则，各利益攸关方需要采取具体措施。

(1) 立法和政策支持

制定公平法案：政府应制定并实施专门的法律法规，确保食品工程项目在执行过程中遵循公正原则。

政策引导：通过政策激励和支持，引导企业在进行食品工程项目时，注重社会责任和公正原则的落实。

（2）企业责任和自律

社会责任感：企业应树立以人为本和环境友好的理念，积极履行社会责任，确保项目在给企业带来收益的同时，也能够造福社会和环境。

内部监督机制：企业内部应建立健全的监督机制，确保决策和执行过程的透明和公正。

（3）第三方监督和评估

独立评估机构：引入独立的第三方评估机构，对食品工程项目的环境影响、社会效益等进行公正、客观的评估。

公众监督：鼓励公众和媒体对食品工程项目进行监督，确保信息公开透明，防止腐败和不公行为。

3.3.2 利益补偿机制

食品工程实践过程中实现公正原则的重要组成部分之一便是建立合理的利益补偿机制，以维护受影响者的权益，促进社会和谐与可持续发展。本节将探讨食品工程中利益补偿机制的必要性及其主要内容和实施策略。

3.3.2.1 利益补偿机制的必要性

利益补偿机制在食品工程中的存在有以下几个方面的重要性。

（1）保护受影响者的权益

食品工程项目可能涉及土地征用、环境污染、职业健康等问题，这些都可能给当地居民、农民和其他群体带来负面影响。利益补偿机制确保这些群体的财产权、健康权和居住权等基本权益得到保护。

（2）促进项目的顺利实施

设置合理的利益补偿机制，可以缓解因项目实施引发的社会矛盾，减少当地居民的反对情绪，促进项目的顺利推进和执行，缩短项目周期，降低潜在风险。

（3）提高企业社会责任感

建立利益补偿机制不仅是企业履行社会责任的体现，也可以增强企业的社会形象和信誉，提高公众对企业的信任和支持度。

3.3.2.2 利益补偿机制的主要内容

利益补偿机制涉及的内容复杂多样，主要包括经济补偿、职业安置与培训、环境修复、医疗支持等多方面。

(1) 经济补偿

土地征用补偿：对因工程建设需要征用土地的农民和居民，应根据土地市场价值及其对生活的影响进行公平补偿，包括土地置换或提供货币赔偿。

经济损失补偿：对因项目实施导致的直接经济损失，如农作物减产、养殖业损失等，进行合理的经济补偿。

(2) 职业安置与培训

就业机会提供：企业应优先考虑雇佣受影响的当地居民，提供充分的就业机会，使其能够通过正当劳动恢复和改善生活状况。

职业培训：针对失去原有职业或需要转行的劳动者，企业应提供技能提升培训，帮助其尽快适应新岗位，实现再就业。

(3) 环境修复

污染治理：如果项目实施过程中对环境造成了污染，企业应承担相应的生态修复责任，采取措施减少和消除污染源，恢复受损环境。

生态补偿：企业应投资于本地生态保护和修复项目，如植树造林、水资源保护等，以弥补其对环境带来的影响。

(4) 医疗支持

健康风险补偿：如果项目对社区居民的健康产生了负面影响，企业应提供医疗支援和补偿，包括免费体检、医疗保险等。

公共卫生设施建设：企业可以投资建设公共卫生设施，提高社区的整体健康水平，减轻其对项目的负面反应。

3.3.2.3 利益补偿机制的实施策略

为了确保利益补偿机制在食品工程中得到有效实施，需要采取系统性策略，主要包括利益相关方协商、独立评估、政策支持和透明管理。

(1) 利益相关方协商

协商制度：建立常态化的协商机制，让各利益相关方，包括受影响的居民、地方政府和企业等，共同参与到补偿方案的制订中，确保方案的公正和可行性。

利益平衡：在协商过程中，通过对话和谈判解决利益冲突，确保补偿方案既满足受影响群体的基本需求，又不会对企业运营造成过大负担。

(2) 独立评估

第三方评估机构：引入独立的第三方评估机构，对由项目实施造成的经济损失、环境影响和健康风险进行客观、公正的评估。

透明评估过程：确保评估过程公开透明，评估结果及时向公众公布，以增强补偿机制的可信度和公信力。

(3) 政策支持

法律法规保障：政府应制定和实施相关法律法规，为利益补偿机制提供制度保障，明确补偿标准和程序，防止企业逃避责任。

政策激励：通过政策激励，如税收减免、补贴等措施，鼓励企业主动承担社会责任，实施合理的利益补偿机制。

(4) 透明管理

信息公开：确保利益补偿相关信息的公开透明，包括补偿标准、补偿金额、受益群体等。通过信息公开，可以接受公众和媒体的监督，防止腐败和不公行为。

监督机制：建立公众和第三方监督机制，确保补偿方案在实施过程中的公正和透明，及时发现并纠正不公正的情况。

利益补偿机制在食品工程中的实施，是实现公正原则的关键环节。通过合理的经济补偿、职业安置与培训、环境修复和医疗支持等措施，切实保障受影响群体的权益，可以有效化解社会矛盾，促进项目的顺利实施。同时，通过利益相关方协商、独立评估、政策支持和透明管理，确保补偿机制的公平性和可操作性。合理的利益补偿机制不仅体现了企业的社会责任，也为食品工程的可持续发展提供了坚实保障。

3.3.3 利益协调机制

在食品工程实践中，在这些利益相关方之间实现公正原则，是确保食品工程活动顺利进行和社会资源有效配置的关键。本节将从公正原则出发，探讨食品工程实践中利益协调机制的建立与实施路径。

3.3.3.1 公正原则的重要性

公正原则不仅是食品工程伦理的重要组成部分，更是协调各方利益关系，促进社会和谐与公平的重要保障。具体体现在以下几个方面。

（1）社会信任的基础

公正的利益协调机制可增强公众对食品工程活动的信任，有助于在项目推进过程中获得更广泛的支持和合作。

（2）提高决策的科学性与合理性

通过公正原则，能够充分考虑不同利益相关方的需求与关切，确保决策更加科学、合理，并具备可操作性。

（3）促进可持续发展

公正原则强调利益协调与资源的合理配置，有助于实现社会、经济和环境的协调发展，为食品工程的可持续运行提供保障。

3.3.3.2 利益协调机制的主要内容

要实现食品工程实践中的公正原则，需要构建一套系统的利益协调机制。该机制的核心在于利用科学的制度设计和平等的协商机制，使各方利益得到合理安排和平衡。

（1）多方参与平台

利益相关方会议：定期召开包括政府部门、企业代表、消费者协会、学术机构和社区居民在内的利益相关方会议，共同探讨和决定食品工程项目的关键问题。

协商委员会：建立项目协商委员会，专门处理利益冲突和协调措施，确保各方声音得到充分表达和重视。

（2）利益共享与补偿机制

经济利益共享：通过投资分红、成就分享等方式，让项目参与各方特别是基层劳动力和资源提供方共享经济成果。

补偿机制：对于因项目实施而受到负面影响的个体和社区，建立合理的补偿机制，确保其基本生活和发展权益不受损害。

(3) 透明的信息公开制度

公开透明：食品工程全过程的信息公开，包括项目立项、资金使用、进度安排、质量检测等，消除信息不对称，增加各方的信任感。

监督机制：建立公众监督和独立第三方审计机制，确保信息公开的真实性和透明性。

(4) 风险控制与管理

风险评估：在项目启动前，进行全面的风险评估，识别潜在的环境、社会和经济风险，并提出对策。

预警与应急计划：建立风险预警系统和应急管理计划，确保在出现风险时能够迅速响应并有效控制。

(5) 法律与政策支持

法规制定：通过立法确定利益协调机制的法律地位和实施细则，为机制运行提供法律保障。

政策激励：制定相应的激励政策，鼓励企业和其他利益相关方主动参与协商机制，并履行社会责任。

3.3.3.3 利益协调机制的实施策略

利益协调机制的有效实施需要科学的策略和周密的组织安排，确保各项措施落到实处。

(1) 建立健全的组织架构

协调办公室：在政府部门或项目主管机构设立专门的利益协调办公室，负责统筹、指导和监督相关工作。

专家咨询组：邀请食品科学、经济学、社会学等领域的专家参与咨询，为利益协调机制的实施提供专业支持。

(2) 加强能力建设

培训与教育：为各利益相关方提供符合公正原则与协调机制的培训和教育，提升各方对机制的重要性及其操作流程的认知。

技术支持：引入先进的信息技术和管理工具，提升利益协调机制的效率和准确性。

（3）激发公众参与

公众听证会：在重大决策和项目审批过程中，举行公众听证会，广泛听取民意，确保公众参与协商过程。

意见征集平台：通过互联网和社交媒体设立意见征集平台，让更多人了解和参与利益协调机制的讨论。

（4）评估与改进机制

定期评估：对利益协调机制进行定期评估，评估其运行效果，发现问题，提出改进建议。

持续改进：根据评估结果，不断调整和优化机制，增强其科学性、合理性和操作性。

本章小结与建议

本章探讨了食品工程中公正原则的重要性以及建立利益补偿机制和利益协调机制的实践路径。食品工程作为一个涵盖广泛利益相关方的复杂领域，其实践中的公正原则体现了社会责任和可持续发展的重要保障。在食品工程实践中，公正原则不仅是伦理道德的体现，更是确保项目顺利进行和社会资源有效配置的关键。利益补偿机制和利益协调机制作为实现公正的重要手段，通过多方参与、透明决策和有效管理，平衡各利益相关方的需求，促进了项目的可持续发展。利益补偿机制涵盖了经济补偿、职业安置与培训、环境修复和医疗支持等内容，确保了受影响群体的权益得到有效保护。而利益协调机制则通过多方参与平台、利益共享与补偿机制、透明信息公开、风险控制与管理以及法律与政策支持，实现了各方利益的平衡与协调。

参考文献

[1] 袁永俊，陈晟，陈祥贵，等．食品工程伦理学[M]．北京：中国轻工业出版社，2024．

[2] 李世新．正面建设是我国工程伦理学研究的当务之急[J]．武汉科技大学学报（社会科学版），2011，13（6）：632-635．

[3] 卡尔·米切姆.技术哲学概论[M].殷登祥,曹南燕,等译.天津:天津科学技术出版社,1999.

[4] 万舒全.伦理整合:工程共同体整体伦理的实现[J].洛阳师范学院学报,2022(009):041.

[5] 吴然,高杉.大工程视野下工程师的伦理自觉[J].石家庄铁道大学学报(社会科学版),2011,5(4):6.

[6] 李增现,刘爱军,柴建,等.数智时代下伦理风险的治理路径——基于伦理嵌入的霍尔三维体系结构模型分析[J].科技管理研究,2024,44(8):222-230.

[7] 彭康宁,陈凡.新兴技术视域下实践伦理的双重困境与整体化转向[J].伦理学研究,2023(3):128-134.

[8] 摩尔.伦理学原理[M].北京:商务印书馆,2018.

利益攸关方协调案例

以某大型食品加工项目为例,该项目涉及厂房建设、农业种植基地扩展及相关基础设施改扩建。项目启动后,企业通过建立利益相关方协调委员会,邀请当地村镇代表、环境保护组织、消费者协会及地方政府共同参与项目讨论。

在利益协调会议中,针对项目可能带来的环境污染风险,当地居民提出了严正抗议。为此,企业与政府部门共同制定了环境保护补偿方案,包括设立绿色环保基金,对受影响区域进行环境修复、生态补偿及建立长期环保监测机制。此外,企业在项目建设过程中,为本地居民提供了大量就业机会,并设立职业技能培训中心,帮助农村劳动力转型,增加其家庭收入。

通过这一系列利益协调和补偿措施,该项目最终获得了各方的支持与合作,顺利完成了建设和运营。

在食品工程实践中,遵循公正原则的利益协调机制至关重要。通过构建多方参与平台、利益共享与补偿机制、透明的信息公开制度、风险控制与管理,以及法律与政策支持,可以有效平衡各方利益,确保项目的顺利实施和社会的和谐稳定。利益协调机制不仅是维护社会公平正义的手段,更是促进食品工程可持续发展的重要保障。各利益相关方应共同努力,不断完善利益协调机制,实现经济效益、社会效益和环境效益的协调统一。

 思考与讨论

1. 如何确保食品工程项目在追求经济效益的同时，也兼顾社会责任和环境保护的要求？

2. 在食品工程中，如何平衡企业、消费者、政府和环境保护组织等多方利益，确保项目的可持续性和公正性？

3. 新技术如何影响食品工程的发展和食品安全的保障？应如何平衡技术创新带来的挑战与机遇？

4. 全球化对食品工程的影响是什么？如何在国际化的背景下，推动食品工程的发展并解决跨国利益冲突？

5. 食品工程未来的发展趋势是什么？政府应如何制定政策来促进食品工程的健康发展并应对新挑战？

4 食品生产与环境伦理

引言

在当今全球化的世界中,食品生产与环境之间的关系变得日益紧密。随着人们对食品安全和环境保护的关注度不断提高,食品生产与环境伦理问题也日益受到关注。通过了解和解决食品生产与环境之间的伦理困境,可以实现食品安全、可持续发展和生态平衡的统一目标。本章探讨了食品生产与环境伦理之间的联系,并提出了解决这一问题的多种方案。通过提高环保意识、加强监测评估、制定规范与标准、倡导绿色生产与消费,以及加强国际合作与信息共享等措施,我们可以建立起可持续的食品生产与环境保护体系,实现人与自然的和谐共生。只有这样,我们才能保障人类的食品安全,保护环境资源,为未来世代创造一个健康、可持续的生活环境。

4.1 环境伦理与食品生产

环境伦理在食品生产中起着至关重要的作用。随着全球人口的增长和消费水平的提高,食品生产的规模不断扩大,对环境伦理的考虑变得越来越重要。

4.1.1 食品生产对环境的影响

食品生产对环境的影响是一个复杂而广泛的问题,涉及资源利用、土地使用、水污染、气候变化及生物多样性等多个方面。下面将详细介绍食品生产对环境的不良影响。

（1）食品生产对资源的利用产生了压力

农业耕地的扩张和林地砍伐导致了生态系统的破坏和生物多样性的丧失，同时也加大了土壤侵蚀和水源污染的风险。此外，食品生产还消耗大量的水资源，尤其是养殖业和灌溉农业所需的大量水资源对水库和地下水的供应造成了压力。

（2）食品生产导致了大量的温室气体排放

农业活动产生的甲烷和氧化亚氮等温室气体对全球气候变化有着重要的贡献。农业中的化肥和农药的使用不仅会释放温室气体，还会对土壤和水体造成污染，破坏生态系统的平衡。

（3）食品生产过程中的能源消耗对环境产生了直接影响

农业机械的使用、冷藏、加热和运输等环节需要大量的燃料和电力，导致能源消耗和碳排放增加。此外，大规模养殖的棚舍和温室气候控制所需的能源也不可忽视。

（4）食品生产对水质和水体的污染也产生了显著的影响

农药、化肥和其他农业化学品的使用经由径流和渗滤进入水体，污染了河流、湖泊和地下水，破坏了水生态系统的平衡。养殖业的废水排放和渔业的残渣也会对水体产生污染，影响水生生物的生存和繁殖能力。

食品生产对土壤健康和质量也造成了影响。大规模农业生产中化肥和农药的使用使得土壤受到污染，导致土壤酸化、养分流失和土壤微生物的破坏。这不仅损害了农田的可持续性，也给后续的种植和农作物生产带来了挑战。

（5）食品生产还对生物多样性产生了负面影响

森林的砍伐和栖息地的破坏导致了许多物种濒危，甚至灭绝。同时，农田的化学品使用和大规模养殖也使得农田和周边生态系统的多样性受到威胁。

综上所述，食品生产对环境的影响是不可忽视的。在追求食品安全和满足人类需求的同时，我们必须意识到食品生产对环境的负面影响，并采取相应的措施降低其影响。只有实行可持续的农业生产模式，减少资源的浪费和污染的排放，才能实现食品的安全、可持续生产。

4.1.2 工程环境伦理

4.1.2.1 工程环境伦理的基本思路

工程环境伦理探讨工程活动与环境之间的关系,旨在指导工程师和相关方在设计、建设和维护工程项目时,如何处理与自然环境相关的伦理问题。在工程环境伦理中,存在多种不同的伦理学派,包括人类中心主义、非人类中心主义、生物中心主义、动物解放论和生态中心主义等。

(1) 人类中心主义

人类中心主义(anthropocentrism)是最早且最广泛应用的环境伦理观,它认为自然界的价值主要在于其对人类利益的贡献。根据这一观点,自然资源应优先服务于人类的发展和福祉。工程师在设计和实施项目时,应首先考虑人类的需求和利益,最大限度地利用自然资源来促进社会经济发展。

(2) 非人类中心主义

非人类中心主义(non-anthropocentrism)主张自然界中的其他生物和生态系统也具有内在价值,不应仅仅因为其对人类有用才被保护。这一观点要求工程师在决策时,不仅要考虑人类的利益,还要考虑其他生物和生态系统的利益。

(3) 生物中心主义

生物中心主义(biocentrism)是一种极端的非人类中心主义,认为所有生物都有平等的价值和权利,不应优先考虑人类的利益。生物中心主义要求工程师在进行项目规划时,全面评估工程对所有生命形式的影响,避免对生物多样性的破坏。

(4) 动物解放论

动物解放论(animal liberation theory)由哲学家彼得·辛格提出,主张动物应享有与人类相近的权利,特别是在免受痛苦和剥削方面。工程项目应尽量避免对动物的伤害,保护其生存环境。

(5) 生态中心主义

生态中心主义(ecocentrism)认为整个生态系统是一个有机整体,各部分相互依存,具有内在价值。生态中心主义要求工程项目必须尊重和保护生态系统的整体健康和功能。

工程环境伦理涉及复杂的道德和实践问题，需要在不同伦理观之间找到平衡点。人类中心主义、非人类中心主义、生物中心主义、动物解放论和生态中心主义各有其优缺点，在不同情境下有不同的适用性。工程师和决策者应综合考虑这些伦理观点，制定科学、合理和可持续的工程决策，以实现人与自然的和谐共存。通过在工程实践中践行环境伦理，可以推动工程领域的可持续发展，确保工程项目在实现经济和技术目标的同时，尊重和保护自然环境及其多样性。

4.1.2.2 工程活动中的环境价值与伦理原则

在现代工程活动中，环境价值与伦理原则扮演着至关重要的角色。随着全球环境问题日益严重，工程师和相关从业者必须在追求技术创新和经济效益的同时，兼顾环境保护与可持续发展。

(1) 工程活动中的环境道德要求

环境道德要求规定工程师和相关方在进行工程活动时，不仅要考虑技术和经济因素，还必须遵循一系列环境道德规范，以确保工程项目对环境的负面影响最小化。主要的环境道德要求包括以下几项。

① 保护生态系统：工程活动应尽量减少对自然生态系统的破坏，采取措施保护生物多样性和生态平衡。

② 预防污染：在工程设计和施工过程中，应严格控制废弃物排放，避免对空气、水体和土壤造成污染，保护环境质量。

③ 节约资源：工程项目应注重资源的合理利用，推广节能减排技术，提高资源利用效率，减少对不可再生资源的依赖。

④ 促进可持续发展：工程活动应考虑长远利益，兼顾当前与未来的需求，确保资源和环境能够持续支持人类发展。

⑤ 公平对待环境利益相关者：工程项目应公平对待所有环境利益相关者，避免将环境风险和负担转嫁给弱势群体或环境脆弱地区。

(2) 工程活动中的环境价值观

环境价值观是指导工程师和相关方在工程活动中处理环境问题的核心理念。主要的环境价值观包括如下几项。

① 自然的内在价值：自然界不仅仅因为其对人类的实用价值而被珍视，还应因其自身的存在而被尊重和保护。这一价值观强调所有生物和生态系统都有其固有的价值和权利。

② 生态整体性：强调生态系统的整体性和相互依存关系，认为任何工程活动都不应孤立地考虑单个环境因素，而应从整体生态系统出发，评估其影响。

③ 代际公平：工程活动应考虑到对未来世代的影响，确保资源和环境质量能够持续惠及后代，避免因当前发展而牺牲未来利益。

④ 环境正义：强调社会各群体在环境保护和资源分配中的平等权利，反对将环境风险和污染负担不公正地加诸弱势群体或经济落后地区。

⑤ 可持续发展：倡导在工程活动中平衡经济发展、社会进步和环境保护三者的关系，追求经济效益与环境效益的双赢。

（3）工程活动中的环境伦理原则

环境伦理原则为工程师和相关方在工程活动中提供了具体的行为准则和决策依据。主要的环境伦理原则包括如下几项。

① 预防原则：即在工程活动中，应优先采取预防措施，避免可能对环境造成的损害。在不确定环境风险的情况下，宁可采取保护性的预防措施。

② 责任原则：工程师和相关方应对其工程活动的环境影响负责，承担因环境损害而产生的责任，包括恢复受损环境和补偿受害者。

③ 公众参与原则：在工程决策过程中，应充分听取公众意见，特别是受工程项目影响的社区和利益相关者的意见，确保决策的透明性和公正性。

④ 生态设计原则：工程项目应融入生态设计理念，在规划和实施过程中，尽量利用自然过程和生态技术，以减少对环境的干扰和资源的消耗。

⑤ 可持续利用原则：工程活动应注重资源的可持续利用，推动循环经济，减少资源浪费和环境污染，促进资源的高效循环利用。

⑥ 公平分配原则：在工程活动中，应公平分配环境资源和环境风险，避免利益集中于少数人而环境负担却由弱势群体承担。

工程活动中的环境价值与伦理原则为工程师和相关方提供了重要的指导框架。在全球环境问题日益严重的背景下，理解并践行这些道德要求、价值观和伦理原则，能够确保工程项目不仅在技术和经济上取得成功，还能够实现环境保护和可持续发展的目标。通过在工程实践中贯彻这些理念和原则，工程师和相关方可以更好地应对环境挑战，为社会进步和生态文明建设贡献力量。

4.1.3 环境伦理在食品生产中的作用

环境伦理是将环境保护、社会公正和经济效益相统一的一种伦理学体系。在食品生产中，环境伦理的主要作用包括以下几个方面。

（1）可持续农业生产模式

环境伦理强调可持续发展的重要性，因此在食品生产中，我们应该采用可持续农业生产模式。可持续农业生产模式强调土地的保护、水资源的节约、化学物质的减少等方面。例如，农业生产中可以采用循环农业、无农药农业、有机农业等模式，避免大量使用化肥、农药等化学物质，从而减少对环境的污染。

（2）合理利用土地和水资源

在可持续农业生产模式中，合理利用土地和水资源也是非常关键的。我们应该采用节约用水技术、进行水资源管理和水资源回收等措施，避免过度利用水资源造成水资源的枯竭。同时，我们还应该重视土地保护，避免土地虚耗和破坏，为人类未来的农业生产提供资源保障。

（3）减少化学物质的使用

农业生产中的化学物质使用往往是环境污染的主要来源之一。因此，我们应该尽可能地减少化学物质的使用。例如，在农业生产中可以采用构建农业生态系统的方法，利用农业生态系统中的生物多样性和生态过程来替代化学物质的作用，以达到减少化学物质使用的目的。

（4）排放物质的控制

在畜牧业生产中，排放物质是一个重要问题。为了保护环境，我们需要控制和处理畜牧业生产过程中产生的排放物质。这包括动物粪便、养殖废水及气体排放等。我们可以通过建设污水处理设施、采用生物气体回收技术及改善畜禽养殖的环境条件等方式来减少对环境的污染。

（5）促进可持续消费行为

除了食品生产本身，环境伦理还需要我们在食品消费方面做出积极的选择。我们可以选择购买符合环境伦理要求的食品,例如有机食品、本地食品、低碳足迹的食品等。通过减少食品的浪费、选择可持续的包装材料等方式,我们可以对环境作出更多的贡献。

4.2 食品生产的环境伦理挑战与展望

在食品工程领域中,环境伦理挑战和解决方案是至关重要的。随着食品工程技术的不断进步和食品行业的发展,我们面临着一系列与环境相关的伦理问题。这些问题涉及食品生产、加工、包装、运输和废弃物管理等方面。本节将探讨食品工程领域中的环境伦理挑战,并提出一些解决方案和应对措施。

4.2.1 食品生产环境伦理的挑战

(1) 资源消耗和能源浪费

食品工程领域消耗大量的自然资源,如水、土壤和能源。食品生产和加工过程中所使用的能源会导致二氧化碳等温室气体的排放,加剧气候变化问题。

(2) 水资源管理

食品工程涉及大量的水资源,包括用于浇灌、养殖和加工等。不合理的水资源管理可能导致地下水的过度开采、水污染等问题。

(3) 废弃物管理

食品工程过程中产生大量的废弃物,如食品残渣、包装废弃物等。这些废弃物的处理和处置可能对环境造成污染和危害。

(4) 生物多样性保护

食品工程领域的农业生产活动对生物多样性产生较大影响,如单一作物种植和农药的使用等,可能破坏生态系统的平衡,危害生物多样性。

4.2.2 解决方案和应对措施

(1) 资源管理和能源节约

在食品生产和加工过程中,采用节约资源和能源的技术与设备,如先进的农业灌溉系统、能源高效型生产设备等。此外，可以采用可再生能源来替代传统能源，减少对化石能源的依赖，并减少温室气体排放。

（2）水资源保护和管理

通过实施节水措施、开展水资源循环利用和回收利用，以减少对水资源的过度开采和污染。此外，加强水资源管理机制，制定水资源合理分配的政策和法规。

（3）废弃物管理和回收利用

建立完善的废弃物管理体系，通过回收和再利用废弃物，减少对环境的负面影响。例如，开展有机废弃物的堆肥和生物气体回收利用等技术。

（4）农业生态系统保护

在农业生产中，鼓励采用有机农业和生物多样性保护的农业实践，减少农药和化肥的使用。同时，推广生态农业和生态补偿机制，促进农业和生态系统的协同发展。

（5）环境伦理教育和意识提升

加强食品工程从业人员和消费者的环境伦理教育，提高他们的环境保护意识。通过宣传、培训和技术指导等方式，促进环境伦理的实践和应用。

4.2.3 环境伦理的未来发展趋势

（1）技术创新和研发

随着科技的不断进步，我们可以期待在食品工程领域出现更多的环境友好型技术和解决方案。例如，生物工程技术可以用于开发更有效的农作物品种，降低对农药和化肥的需求；先进的包装技术可以减少食品浪费和环境影响等。

（2）政府政策支持和监管

政府在环境伦理方面的政策支持和监管将起到重要作用。政府可以制定相关的环境保护法规、标准和指导方针，督促食品工程行业采取环境友好型做法。此外，政府还可以提供经济激励措施，鼓励企业和个人投资于环境保护和可持续发展。

（3）消费者的健康和环保意识提升

随着人们对健康和环境问题的关注度不断提升，消费者对环境友好型食品和食品工程的需求也将增加。消费者的选择和购买行为将推动食品工程行业转向更可持续的方向，促进环境伦理的实践。

（4）跨行业合作和知识共享

为了应对环境伦理挑战，食品工程领域需要加强与其他相关领域的合作，共享知识和经验。跨行业合作可以促进技术创新、经验交流和共同解决环境伦理问题，推动可持续发展。

总结起来，食品工程领域的环境伦理挑战与解决方案密切相关。通过资源管理、废弃物管理、水资源保护、生态系统保护、技术创新、政府政策支持、消费者意识提升和跨行业合作等措施，我们可以应对环境伦理挑战，推动食品工程领域向更可持续、更环境友好的方向发展。同时，科技创新、政府政策支持和消费者需求的增加将在未来推动环境伦理的发展。

4.3 绿色食品生产与可持续发展

绿色食品生产与可持续发展是当前全球注目的话题之一。随着环境污染和资源短缺等问题日益加剧，绿色食品生产和可持续发展已成为一种不可逆转的趋势，在全球范围内掀起了一场绿色食品生产的革命。本节将探讨绿色食品生产和可持续发展的概念、目的、实践和未来发展趋势等方面。

4.3.1 绿色食品生产和可持续发展的概念和目的

绿色食品生产指的是一种对环境和生态系统保护非常重视的食品生产方式。它通过利用先进的、可持续的农业技术，减少或消除对环境和生态系统的负面影响，同时提高食品的安全性和营养价值。可持续发展则是指在经济、社会和环境三个方面之间实现平衡，以确保未来世代能够继续享有健康的生活和生态系统。可持续发展不仅关注当下的经济增长和社会发展，还强调长期的环境保护和资源利用。绿色食品生产和可持续发展的目的是通过可持续的食品生产方式来保持食品质量和安全性，同时保护环境和生态健康，最终实现经济、社会和环境三个方面的可持续发展。

4.3.2 绿色食品生产和可持续发展的实践

由于绿色食品生产和可持续发展的理念越来越普及，许多国家和地区已经开始积极实践，可以从以下几个方面进行说明。

（1）有机农业

有机农业是一种可以免除复合农工业产品化学品的食品生产方法。有机农业是绿色食品生产的基础：一方面，有机农业可以通过调整自然生态系统来减轻土地侵蚀和土地丧失；另一方面，有机农业还可以通过精细管理和自然生态化的栽培方式减少使用化学肥料和农药的数量，减少对土壤、水体和生态环境的负面影响，从而降低粮食、蔬菜等食品的污染率。

（2）智能农业

智能农业是一种基于大数据和其他现代信息工具的农业生产方式。智能农业可以减少对土地、水资源和化学物质的过度使用，通过数字化和自动化技术，适用于土地规模资源有限的地区，可以实现绿色食品生产和可持续发展。例如，精准农业技术可以实现对农产品的向量的预测和监控，进一步优化化学品的使用，最终提高生产效率，减少环境污染和能源浪费。

（3）农村生态旅游

农村生态旅游是一种可持续发展的旅游形式，通过将城市游客引入更深层的社区和农村地区，观赏这些地区原始、纯朴的生活方式，助力环境可持续发展，实现农村地区的经济增长和生态保护。农村生态旅游可以提供可持续经济和就业机会，同时也促进当地人生活质量的提高，并提高对环境和文化遗产的保护意识。

（4）循环农业

循环农业是一种循环利用资源和最大限度地减少废弃物的农业生产方式。在循环农业系统中，农产品的剩余部分可以被转化为肥料或饲料再循环利用，从而提高了废弃物的利用率。例如，将农作物秸秆或动植物粪便作为有机肥料，再将废弃物作为饲料，减少农业生产中的浪费，实现资源的循环利用。

4.3.3 绿色食品生产和可持续发展的未来发展趋势

绿色食品生产和可持续发展的未来发展将面临以下几个重要趋势。

(1) 科技创新的推动

随着科技的不断发展和创新,将会有更多先进的农业技术应用在绿色食品生产和可持续发展中。例如,基因编辑技术可以帮助培育适应气候变化、抗病虫害的作物品种,提高产量和品质,同时减少对化学农药的需求。

(2) 消费者需求的增加

随着人们对食品安全和环境问题的关注不断提高,将会有越来越多的消费者对绿色食品和可持续发展的产品产生需求。这将推动食品生产者更加注重绿色食品生产和可持续发展,为消费者提供更多的选择。

(3) 政府政策的支持

政府在推动绿色食品生产和可持续发展方面扮演着重要角色。政府可以通过制定和实施相关政策和法规来支持和推动绿色食品生产和可持续发展的发展。同时,政府还可以提供财政支持、技术指导和培训等措施,鼓励农业生产者采用绿色食品生产方式。

(4) 农业生产者的责任意识提升

农业生产者在绿色食品生产和可持续发展中起着关键的作用,他们的责任意识和环保观念将对整个行业的发展产生积极影响。随着农业生产者对环境保护和可持续发展的认识提高,他们将更加主动地采用绿色食品生产方式,推动行业的转型和发展。

总之,绿色食品生产和可持续发展是当前全球食品产业发展的重要方向。通过采用绿色食品生产的技术和实践,可以减少对环境的污染,保护生态系统的健康,提高食品的质量和安全性。未来,随着科技创新、消费者需求和政府支持的增强,绿色食品生产和可持续发展将迎来更加广阔的发展前景。

4.4 食品环境伦理困境的解决方案

食品环境伦理困境是指在食品生产、加工和消费过程中,由于对环境造成负面影响而引发的伦理难题。随着人们对食品环境影响的关注度不断提高,解决食品环境伦理困境已经成为一个紧迫的任务。为了解决食品环境伦理困境,我们需要从多个方面入手,采取综合性的解决方案。

4.4.1 增强环保意识和教育

(1) 培养公众环保意识

我们需要加强环保意识和教育。培养公众环保意识,可以提高公众对食品环保问题的重视。培养公众环保意识,需要广泛开展社会宣传教育,增强公众对食品生产环保知识的了解和认识。同时要注重主题教育和实践操作,通过亲自参与和体验,提高公众对环境保护的认识,从而让公众更为深刻、生动地理解食品生产环保问题,增强自身对环保问题的责任感和积极性。

(2) 在学校教育中加强环保知识的普及与教育

在学校教育中加强食品环保知识的普及与教育是培养学生环保意识、提高食品安全意识及推动食品可持续生产的重要途径。教育学生关于食品生产环保的知识,使他们了解食品与环境的关系,培养他们对环境保护的责任感和意识。

学校应该在教育课程中增加与食品环保相关的课程,比如环境科学、生态学、食品科学等。这些课程可以通过教授食品的生产过程与环境的关系、食品安全与环境污染的关联等,向学生普及食品生产环保知识。此外,可以通过环保实践课程、实验项目等形式,让学生亲自参与到环保活动中,增强他们的实践能力。

同时,学校可以邀请食品生产环保方面的专家学者、环保组织代表等开展专题讲座和研讨会。这种形式可以使学生更加深入地了解食品生产环保的重要性和挑战,而且可以提供机会让学生与行业专家进行交流和互动,拓宽视野,深化对食品生产环保的理解。

另外,在学校开展与食品环保相关的实践活动,可以加深学生对食品生产环境保护的认识。例如,学校可以组织参观农田或食品加工厂,让学生亲自了解食品的生产过程,感受环保措施的重要性。学校还可以开展环保项目,如种植有机蔬菜、搭建可再生能源设施等,让学生亲自参与到环保实践中。

此外，学校可以通过校园广播、校报校刊、电子屏幕、社交媒体等方式，推广食品环保知识。这些媒介可以发放环保知识的宣传资料，发布环保活动的通知，让更多的学生了解食品生产环保的知识和行动。

最后，学校还可以鼓励学生发起环保组织或参加环保社团，为学生提供实践平台和资源支持。这些组织和社团可以定期组织学术讲座、实地考察、环保志愿活动等，让学生积极参与、交流和分享食品环保知识和经验。

4.4.2　加强环境监测与评估

（1）建立健全的环境监测网络

建立健全的环境监测网络，对食品生产和加工过程中的污染物排放、土壤和水源污染等进行实时监测和评估。同时，建立科学的风险评估体系，对食品环境问题进行全面、客观的评估，科学判断其对人体健康和生态环境的危害程度，为决策提供科学依据。

（2）建立科学的风险评估体系

建立食品生产环境保护的科学评估体系是实现可持续发展和保护生态环境的重要举措。这个体系可以帮助我们评估食品生产对环境的影响并确定相应的风险，以便采取适当的措施来保护环境和生态平衡。下文将详细介绍食品生产环境保护科学评估体系的建立过程。

第一，该体系需要建立一个权威的机构来承担食品生产环境保护的评估任务。该机构需要有具备丰富的经验和专业知识的专家，包括环境保护、生态学、农业科学、食品科学等多个领域的专家。该机构应该制定科学的评估方法和标准，并对食品生产的各个环节进行系统评估。

第二，评估体系需要建立一套科学的评估指标体系。这个指标体系应该囊括食品生产过程中涉及的各个环节，包括耕种、施肥、灌溉、养殖、加工等。同时，对不同的食品类型还需要结合具体情况确定相应的指标，如肉类生产需要关注动物饲养密度、使用的饲料和抗生素等指标。评估指标应该基于科学依据、可量化和可追溯，以确保评估结果可比较和可信。

第三，评估体系需要建立科学的评估流程和方法。这个评估流程应该包括以下步骤：确定评估目标，确定评估指标，数据收集、分析和评估，风险评估和监测措施等。评估方法需要基于科学原理和技术，如 GIS（地理信息系统）空间分析技术、环境模型、风险评估模型等，同时需要结合实地调研和监测数据进行评估。

第四，评估体系需要建立数据共享和透明度机制。评估数据应该是公开透明的，持续更新和共享。评估机构应该建立完善的数据管理机制，并且应该与政府机构和社会组织共享评估数据，以促进社会监督和公众参与。

第五，评估体系需要持续改进和完善。评估机构应该根据实践经验和新科技的进展，不断改进评估标准和方法，并且及时更新评估数据和报告，这样才能保证评估的科学性和及时性。

建立食品生产环境保护的风险科学评估体系是降低食品生产对环境和生态影响的重要措施。只有在科学评估的基础上，我们才能采取相应的措施来保护环境和生态平衡，实现可持续发展的目标。

4.4.3 规范产业行为

（1）制定严格的环境保护及食品安全行业标准与规范

政府和相关部门应加强对食品生产和加工企业的监管，制定严格的环境保护和食品安全的行业标准和规范。对违反规定的企业实施严厉的处罚和惩戒措施，推动企业加强环保设施建设和环境管理，减少对环境的污染。

（2）对违规企业实施严厉的处罚和惩戒措施

食品生产企业在食品生产过程中对环境和生态系统造成损害，违反相关法律和规定，也直接威胁到人们的健康和生命安全。因此，为了保护环境和人们的健康，对这些违规企业实施严厉的处罚和惩戒措施是必要的。

第一，要建立完善的惩戒机制。为了惩治食品生产环境保护违规企业，需要建立完善的惩戒机制。这个机制应该包括多种手段，包括行政处罚、刑事责任追究、经济赔偿等。同时，还应该注重打击违法企业的经济利益和信誉，采取注销营业执照、吊销生产许可证、公示企业黑名单等措施，以减少违法行为的产生。

第二，要加强执法力度。为了有效地打击食品生产环境保护违规企业，需要加强执法力度。政府应该加大对食品生产企业的监管力度，增加执法人员的数量和技术能力，建立和完善监督检查制度和机制。同时，还应该建立举报机制，鼓励公众监督和举报违法行为，对举报者给予奖励，进一步提高监管效果和社会参与度。

第三，要提高违法成本。为了防止企业对环境和生态的损害，政府应该采取措施提高违法成本。例如，加大对企业的罚款力度，适当增加罚款额度，让罚款对企业产生实际的压力；同时，相关部门还应实行环评和资质考核制度，对违法企业采取吊销证照等措施，从源头上减少违法行为的发生。

第四，要保证公开透明。政府应该公开违法企业的处罚情况，保障社会公众的知情权。同时，还应该建立企业违法记录和黑名单制度，向公众公示相关违法企业的信息和处罚情况，以起到警示和震慑作用。

第五，还要配合社会力量。政府应该积极配合和支持社会力量打击违法企业。这包括向公众提供违法企业的相关信息和证据，鼓励公众举报违法企业，同时还应该积极与社会组织合作，开展宣传和普及教育，促进社会监督和提高公众意识。

4.4.4 倡导绿色生产与消费

随着环保意识的不断增强，食品企业应更加关注生产过程对环境的影响。采用绿色生产技术和材料有助于减少环境污染，提高食品生产的品质和可持续性。所以政府和社会应鼓励食品企业采用绿色生产技术和材料。同时，随着人们环保意识的不断提高，消费者对于购买和使用绿色环保食品的需求也在逐渐提高。绿色环保食品以其对环境友好、无公害、富含营养等特点，受到了广大消费者的关注和喜爱。

4.4.4.1 鼓励企业采用绿色生产技术

（1）变革传统生产方式

许多传统的食品生产方式，如农药的过度使用、肥料的非必要使用、大量用水的洗涤等，对环境造成很大的压力。因此，食品生产企业开始采用新的绿色生产技术。绿色生产技术可利用有机和天然肥料、农业生态技术、雨水收集及能源回收等技术，减少排放和危害，对环境更友好。

(2) 引入智能生产技术

近年来，智能技术的发展改变了许多领域的生产方式。智能生产技术不仅提高了生产效率，而且有效地减少了人工操作和浪费，并减少了排放和能源消耗。食品企业可以引入智能生产设备和技术，如智能控制系统、无人值守技术等，通过数据分析和科技创新，推动绿色生产的发展。

4.4.4.2 鼓励企业采用绿色生产材料

(1) 使用可降解材料

可降解材料对环境的影响较小，大大减少了废弃物的数量和对环境产生的不利影响。比如，可降解材料袋子、餐具等，其使用寿命相对较短，不会像塑料和其他不可降解的材料一样长时间存在于自然环境中，对生态环境造成负面影响。

(2) 节水节能材料

食品生产企业会产生许多废水和二氧化碳等废气。因此，采用节水节能材料有利于减少资源消耗并降低二氧化碳排放。例如，使用新型的节水节能设备和节约能源的技术可将耗能和耗水量大大降低，实现食品生产的高效绿色化。

4.4.4.3 鼓励消费者购买和使用绿色环保食品

(1) 加强宣传教育

通过广告宣传、媒体报道、社交媒体等方式，向消费者宣传绿色环保食品的特点和优势，提高消费者对绿色环保食品的认知度和需求。

(2) 加强消费者教育和培训

加强消费者教育和培训，提高消费者对于绿色环保食品的检验、购买和使用的能力，增强其消费意识和能动性。

4.4.4.4 绿色生产与消费的意义

(1) 食品绿色生产的意义

保护环境：传统的农业生产方式往往依赖化学农药、化肥等，导致土地和水源污染，严重影响生态环境。绿色生产强调以自然的生态系统为基础，最大程度地减少对环境的危害。

提高食品质量：绿色生产的食品被视为健康、安全且富有营养价值的食品，通过有机、自然种植和养殖方式生产，更有助于人们获得更好的食品口感和食品营养素。

有利于生态系统平衡：绿色生产方式重视生态保护，注重生态系统的平衡和自我调节，保护物种多样性，协调生态环境，对环境的影响较小，减少了环境污染，降低了企业对环境的负面影响，实现生态可持续发展。

增强企业品牌影响力：绿色生产不仅有益于人类和环境，也有益于企业的可持续发展。采用绿色生产技术和材料是企业社会责任的具体实现，可以增强企业品牌影响力，提高企业社会形象和公众认可度。

（2）食品绿色消费的意义

促进经济发展：绿色生产的食品是创造绿色产业的重要组成部分，促进了可持续农业发展和绿色农业相关产业的发展，助力经济增长。

提高生活质量：人们日渐关注食品的品质和健康，选择绿色食品有益于人们的身体健康，提高生活质量。

保护环境和生态平衡：合理消费绿色食品既保证了自己的健康，也对环境和生态系统平衡作出了积极的贡献，从而推动社会向绿色生态环保的方向发展。

4.4.5 加强国际合作和信息共享

4.4.5.1 加强国际合作的意义

（1）共同面对全球性问题

食品生产伦理困境是全球性的挑战，涉及多个国家和地区。通过加强国际合作，各国可以共同面对和解决这些问题，分享经验和最佳实践。

（2）提高科技水平

不同国家和地区拥有不同的农业科技和经验，加强国际合作可以促进科技水平的提高。各国可以分享技术和研究成果，推动农业技术的创新和发展。

（3）促进资源共享

不同国家和地区拥有不同的资源和优势，加强国际合作可以促进资源的共享和优势互补。比如，一些国家拥有丰富的农田资源，而另一些国家拥有先进的农业技术，通过合作可以实现资源的最优配置。

(4) 集思广益，共同解决问题

食品生产伦理困境复杂多样，单个国家往往难以独立解决。加强国际合作可以集思广益，通过共同的智慧和力量，找到更好的解决方案。

4.4.5.2 加强信息共享的意义

(1) 促进学习和经验交流

各国在解决食品生产伦理困境方面积累了丰富的经验和教训，通过信息共享，可以促进各国之间的学习和经验交流，避免重复劳动和犯同样的错误。

(2) 提高监督和管理水平

信息共享有助于加强监督和管理能力，各国可以了解其他国家的监督和管理实践，借鉴其经验，提升自身的监督和管理水平。通过共享信息，可以形成更加全面、准确和实时的监测和评估体系，从而更好地应对食品生产伦理困境。

(3) 促进科学研究和创新

信息共享为科学研究和创新提供了基础素材和数据支持。不同国家和地区的科研机构和学者可以通过共享信息，互相启发、合作研究，共同解决食品生产环境伦理困境，推动科技的进步和创新。

(4) 强化公众参与和意识提升

通过信息共享，公众可以更加深入地了解食品生产伦理困境的现状和影响，增强对绿色生产和消费的认知，提高环境保护和食品安全意识。公众的参与和支持是解决食品生产伦理困境的重要力量，共享信息有助于激发公众的关注和参与热情。

4.4.5.3 加强国际合作和信息共享的具体措施

(1) 建立国际合作平台

各国可以共同建立国际合作平台，定期举办国际会议和论坛，促进各国之间的交流和合作。在此平台上，可以共享研究成果和实践经验，制订共同的行动计划，推动全球范围内的绿色生产和消费。

（2）加强科技合作和技术转让

通过科技合作和技术转让，可以促进农业科技的创新和应用。各国可以共享农业科技成果和研究进展，开展科技合作项目，共同解决食品生产伦理困境。

（3）建立信息共享平台

建立全球性的食品生产环境信息共享平台，通过共享数据、报告和监测结果，促进各国之间的信息交流和合作。这样的平台可以提供及时、准确和全面的信息，为政策制定、决策和管理提供科学依据。

（4）制定共同的标准和规范

各国可以共同制定食品生产环境伦理方面的标准和规范，确保食品生产的可持续性和安全性。通过统一的标准和规范，可以促进国际贸易的顺利进行，减少非必要的贸易壁垒。

（5）提供资金和技术支持

各国可以通过提供资金和技术支持，帮助发展中国家和地区改善食品生产环境，推进绿色生产和消费。这将有助于缩小发展差距，促进全球可持续发展。

总之，解决食品生产环境伦理困境需要加强国际合作和信息共享。通过加强合作，各国可以共同应对全球性的环境挑战，实现可持续发展。通过共享信息，可以提高监督和管理水平，促进科学研究和创新，增强公众参与和意识提升。国际社会应积极采取措施，共同努力，为解决食品生产环境伦理困境努力，共建环保型的社会和生态文明。

本章小结与建议

食品生产与环境伦理是一个重要的议题，涉及食品生产和环境之间的相互影响和平衡。在本章中，我们了解到食品生产对土壤、水资源、生物多样性和气候变化等环境要素有着重要影响。同时，环境污染和资源消耗也对食品生产造成了负面影响。为了实现可持续的食品生产，我们需要思考如何平衡食品供应的需求与对环境的保护。通过本章的学习，我们了解了食品生产与环境伦理之间的联系。掌握了实现可持续的食品生产和保护环境的一系列措施，包括促进可持续农业实践、减少环境污染、优化资源利用、提倡食品供应链的可持续性和提高消费者意识。通过这些学习，我们可以为未来的食品生产提供更加环保和可持续的解决方案。

◆参考文献◆

[1] 毕然. 生态伦理的现代管理价值研究[M]. 哈尔滨：哈尔滨工业大学出版社，2024.

[2] 郭延龙. 技术人工物设计伦理转向研究[M]. 汕头：汕头大学出版社，2024.

[3] 邓安庆. 斯多亚主义与现代伦理困境[M]. 上海：上海教育出版社，2023.

[4] 张云飞. 生态文明的伦理诉求[M]. 北京：中国环境出版集团有限公司，2023.

[5] 曹顺仙. 水伦理的生态哲学基础研究[M]. 北京：人民出版社，2018.

[6] 爱德华·弗里曼，杰西卡·皮尔斯，里查德·多德. 环境保护主义与企业新逻辑：企业如何在获利的同时留给后代一个可以居住的星球[M]. 苏勇，张慧译. 北京：中国劳动社会保障出版社，2004.

[7] 戴尔·杰米森. 伦理与环境：导论[M]. 李海莹，陈雅慧，尹宏威译. 北京：中国社会科学出版社，2023.

[8] 罗宾·阿特菲尔德. 环境伦理学[M]. 毛兴贵译. 南京：译林出版社，2022.

[9] 杨冠政. 环境伦理学概论[M]. 北京：清华大学出版社，2013.

参考案例

亚马孙森林大火

亚马孙雨林位于南美洲亚马孙盆地，总面积700万平方公里，占世界雨林总面积的一半。这片雨林横跨8个南美国家，其中60%位于巴西境内。

1998年6月起，巴西国家空间研究所开始按月统计巴西境内森林着火点，亚马孙雨林也在观测范围内，而观测结果就是：该雨林年年月月都起火。其中最低纪录在1999年4月，当月着火点70处；最高纪录在2007年9月，当月着火点逾73000处。每年7月，巴西各地进入旱季，于是也成了森林起火的高峰期。森林着火点数量通常在9月达到峰值，进入10月随着雨水的到来，着火点数量大幅减少。

2019年7月，亚马孙雨林被砍伐面积达2254平方公里，同比上升278%。2019年1月至8月初，有3444.7平方公里的雨林消失，减少量比2018年同期高出40%。2019年8月23日，据巴西国家空间研究所数据，巴西2019年至今森林着火点累计达76720处，较2018年同期上涨85%，其中逾半数着火点位于亚马孙雨林。2019年9月10日，巴西朗多尼亚州，亚马孙雨林大火持续燃烧。

欧盟哥白尼气候变化服务中心发出警告，该场大火已导致全球一氧化碳和二氧化碳的排放量明显飙升，不仅对人类的健康构成了威胁，还加剧了全球气候变暖，一系列连带后果不堪设想。2019年8月19日，从亚马孙雨林南下的火灾烟气对南马托格罗索州、圣保罗州和帕拉州部分地区造成明显影响。圣保罗市天空被黑云覆盖，白昼宛如黑夜。圣保罗大学研究人员在浑浊的雨水中发现植物燃烧后留下的有毒物质。

思考与讨论

1. 转基因作物的利与弊：讨论转基因作物在食品生产中的使用是否符合环境伦理要求。考虑到转基因作物的潜在风险和利益，如何平衡食品供应和环境保护之间的关系？

2. 工厂养殖对环境的影响：探讨工厂养殖对水体污染、土地耗竭和温室气体排放等环境问题的影响。讨论如何促进可持续的养殖实践，同时满足对食品供应的需求。

3. 农业化学品的使用与生态系统健康：考虑农业化学品的使用对土壤、水体和生态系统的影响。讨论如何减少农药和化肥的使用，以保护环境和促进生物多样性的保护。

4. 可持续包装和塑料污染：讨论传统食品包装使用塑料材料对环境的影响，以及可持续包装对减少塑料污染的潜力。思考如何平衡食品保鲜和环境保护之间的关系。

5. 公平贸易和环境可持续发展：探讨公平贸易对农民和生态系统的影响。考虑如何确保公正的贸易条件，同时能够保护环境和促进可持续发展。

5 食品营养和消费者伦理

引言

食品营养和消费者伦理是现代社会中备受关注的重要议题。随着人们对健康和饮食的关注度不断提升,以及食品行业的发展与创新,我们需要深入探讨食品营养与消费者伦理之间的关系。

5.1 消费者伦理

消费者伦理是指消费者在购物和消费的过程中所应遵守的道德标准和行为准则。在食品领域中,消费者伦理显得格外重要,因为食品是与人的生命和健康密切相关的,而消费者在购买食品的同时也应该遵守一定的伦理规范,负起自己的社会责任。

5.1.1 消费者伦理的准则

消费者伦理是现代消费社会不可或缺的组成部分,对于保护消费者权益、促进社会公正和可持续发展具有重要作用。消费者伦理主要包括以下几个内容。

① 诚信消费:消费者应该以诚实和公正的方式进行消费,不隐瞒或歪曲

产品或服务的情况；在购买商品或服务前应明确自己的需求，比较不同商品或服务的质量、价格等因素，避免短视贪便宜，破坏市场平衡和正常竞争。

② 合理消费：消费者应该通过合理的消费方式，保护自己的财产和健康权益。这包括遵循产品标准和法规，不购买或不使用不确保安全的产品或服务；将个人信息保护好，防止个人隐私泄露；避免盲目消费、堆积垃圾等不良消费行为。

③ 环保消费：消费者应该考虑到环保和可持续发展因素，在购买商品或服务时选择环保、低碳、节能等符合可持续发展原则的产品；在使用过程中尽力减少能耗、减少废弃物的产生，同时支持可持续发展的品牌和企业。

④ 社会责任消费：消费者应该考虑到社会影响，选择符合伦理标准和社会责任的产品或服务；向有社会责任的企业购买商品或服务，支持和推广社会责任消费和企业社会责任发展。

⑤ 维护和提高消费者权益：消费者应该积极维权，保护自己的合法权益；在发现企业违反了消费者权益、欺诈或存在其他不诚信的行为时，积极向相关部门和组织反映问题，以建立和谐、公正、诚信的消费市场环境。

5.1.2 消费者伦理的标准

消费者伦理的标准是指在消费者与商家进行交易和互动时，应当遵守和参考的道德准则。这些准则旨在促进公平、诚信、透明和可持续的消费环境。以下是关于消费者伦理的标准。

① 诚实和透明：消费者应当以诚实和透明的方式与商家进行交流和互动。在购物和消费决策中，消费者应提供真实、准确的信息，并以诚信的方式进行交易。同时，商家也应当提供对产品或服务的准确和清晰的说明，避免误导消费者。

② 公正和公平：消费者在交易中应当遵守公正和公平的原则。不通过不正当方式获取利益，如通过贿赂、偷税漏税等手段获得价格优惠，利用信息不对称牟取暴利。同时，商家也应当遵循公平竞争原则，不进行虚假宣传、价格欺诈、强制销售等不合理行为。

③ 隐私保护：消费者在购物和消费过程中，应保护自己的个人隐私信息。

商家应尊重消费者的隐私权,不通过非法手段获取和滥用个人信息。消费者也应关注隐私政策和授权条款,避免个人信息被滥用。

④ 环境保护：消费者在购买和使用产品时,应关注是否符合环境保护的标准。选择环境友好的产品,如节能产品、低碳产品等,减少资源浪费和环境污染。同时,消费者也应鼓励和支持企业推广环境友好的生产方式和商业模式。

⑤ 健康和安全：消费者在购买食品、药品、化妆品等涉及健康和安全的产品时,应关注产品的质量和安全性。选择符合安全标准和法规的产品,避免购买假冒伪劣产品,确保自己和家人的健康和安全。

⑥ 维权和投诉：消费者在受到虐待、欺诈、不公平对待等情况时,应积极寻求维权。合法维权不仅维护了自己的权益,也推动了商家更加重视消费者权益保护。消费者维权还可以通过投诉、举报等方式,促使商家改善经营行为。

⑦ 社会责任：消费者应支持有社会责任感的企业和品牌。选择购买社会责任项目和产品,鼓励企业履行社会责任,包括关注员工福利、环境保护、社区支持等。消费者也应关注企业发布的社会责任报告和相关公开信息,以了解企业的可持续发展情况。

综上所述,消费者伦理的标准是消费者在与商家交易和互动过程中所应遵守的道德准则。这些标准包括诚实和透明、公正和公平、隐私保护、环境保护、健康和安全、维权和投诉、社会责任等方面的要求。通过遵循这些标准,消费者可以更好地保护自身权利,提高购物和消费的满意度,推动市场公平和可持续发展。同时,商家也应积极遵守消费者伦理的标准,以诚信经营、保护消费者权益为原则,提供优质的产品和服务。只有消费者和商家共同遵守消费者伦理的标准,才能共同构建一个健康、公正和可持续的消费环境。

在实际操作中,消费者可以通过以下方式来践行消费者伦理。

① 提高消费者意识：消费者应不断提高对消费者权益的认知和保护意识,了解消费者法律法规和维权途径。通过参与消费者组织和活动,学习消费者权益知识,提高自身的维权能力。

② 理性消费：消费者应当根据自身实际需求和经济承受能力,进行理性消费。避免盲目跟风、冲动消费,合理规划消费预算,选择性价比高的产品和

服务。

③ 谨慎购物：消费者在购物前应做好充分的调查和比较，了解产品的品质、价格、售后服务等信息。避免购买假冒伪劣产品，选择有信誉和良好口碑的商家或品牌。

④ 防止诈骗：消费者应警惕各种诈骗行为，如虚假宣传、网络诈骗等。保护个人隐私信息，不轻易透露个人银行账户、身份证号码等敏感信息。如发现被诈骗，及时报警并保留相关证据，维护自身权益。

⑤ 积极反馈和投诉：消费者有权利对不满意的产品和服务进行投诉和反馈。通过合理、合法的途径向相关部门投诉，维护自身权益，并促使商家改进产品和服务质量。

⑥ 支持环保消费：消费者可以选择环境友好的产品和服务，如节能电器、可持续材料等，为环境保护作出贡献。同时，也可以通过减少浪费、回收利用等方式，实现低碳生活。

⑦ 关注企业社会责任：消费者可以选择支持具有社会责任感的企业和品牌。关注企业的社会责任报告和公益行动，选择购买符合道德准则的产品和服务。

总而言之，消费者伦理的标准是指消费者在购物和消费行为中所应遵守的道德准则。通过诚实和透明、公正和公平、隐私保护、环境保护、健康和安全、维权和投诉、社会责任等方面的要求，消费者可以保护自身权益，促进市场公平和可持续发展。消费者应提高消费者意识，理性消费、谨慎购物，防止诈骗，积极反馈和投诉，支持环保消费，关注企业社会责任。只有消费者和商家共同遵守消费者伦理的标准，才能共同构建一个健康、公正和可持续的消费环境。

5.1.3 促进消费者伦理发展的措施

消费者应该遵守行为准则和伦理标准，但是，整个社会层面也需要建立相应的措施促进消费者伦理的发展。

① 加强立法和监管：政府应加强消费者权益保护的立法和监管，明确消费者权益和维权渠道，并对消费市场不良行为实施有效的监管和惩罚；完善消

费者权益保护机制，改善消费者在市场交易中的地位和条件。

②维护公平竞争：政府应加强市场监管，维护公平竞争的市场环境；反对垄断、欺诈、欺骗等不正当行为。

③增加消费者教育和培训：政府和社会组织应重视消费者教育和培训，提高消费者的自我保护意识和伦理意识；向公众提供有关消费者权益保护和伦理意识的信息，帮助消费者理性消费，保护自己的权益。

④倡导企业社会责任：政府和社会应鼓励和推动企业履行社会责任，包括对消费者的负责任行为。企业应公开透明地向消费者提供产品和服务的信息，遵守产品标准和质量要求，建立有效的投诉处理机制，积极参与社会公益事业等。

⑤加强消费者组织和维权机构建设：政府和社会应加强消费者组织和维权机构的建设和发展，为消费者提供专业的服务和支持。这些组织可以提供法律援助、维权咨询和投诉处理等服务，帮助消费者解决纠纷和维护自己的权益。

⑥强化社会文化伦理建设：社会应加强伦理观念的宣传和教育，弘扬诚信、公正和公平的价值观念。通过学校教育、媒体宣传和社会活动等方式，培养和提升人们的消费者伦理意识，促进消费者伦理文化的形成和发展。

总而言之，消费者伦理是现代消费社会的重要组成部分，它对于保护消费者权益、促进社会公正和可持续发展具有重要意义。消费者应遵守诚信消费、合理消费、环保消费和社会责任消费等行为准则，同时政府和社会应加强立法和监管、倡导企业履行社会责任、加强消费者教育和培训等措施，共同营造和谐、公正、诚信的消费环境。只有通过消费者、政府和社会共同努力，才能建立一个符合伦理标准和可持续发展的消费社会。

5.2 消费者食品营养伦理

在这节中，我们将探讨食品工程中消费者权益保护与食品工程伦理的关系，以及如何在食品工程领域中实施消费者权益保护和食品工程伦理。此外，我们还将探讨消费者权益保护和食品工程伦理对于社会和企业的重要性，以及在实践中面临的挑战。

5.2.1 消费者食品伦理的概念

消费者食品伦理是指消费者在选择、购买和消费食品时所应遵循的道德准则和原则。随着人们对食品质量和安全性的关注度不断增强，消费者食品伦理越来越受到重视。以下是关于消费者食品伦理的介绍。

① 食品安全和质量：消费者在选择食品时，应注重食品的安全和质量。消费者应选择符合食品安全标准和质量认证的食品，避免购买已过期、质量不合格的食品，确保自身和家人的健康。

② 透明和可追溯性：消费者应关注食品的透明度和可追溯性。了解食品的来源、生产过程，是否使用转基因、农药、化学添加剂等，以更好地了解食品的安全性和健康性。

③ 动物福利：消费者应关注食品生产过程中的动物福利。选择符合动物福利标准的食品，避免购买由虐待动物而制成的产品或不符合动物福利标准的产品。

④ 可持续食品：消费者可以选择支持可持续食品生产和消费的做法。选择使用有机种植、无农药、无化学添加剂、低碳排放等可持续生产方式的食品，减少对环境的负面影响。

⑤ 地方产地和农民支持：消费者可以选择支持本地产地和农民的食品。购买本地产品可以减少运输成本和环境污染，同时也是对农民劳动的肯定和支持。

⑥ 避免浪费：消费者应避免食品的浪费。合理规划食品采购，避免购买过多的食物，同时注意食品的保存和合理利用，减少食物的浪费。

⑦ 保护食品多样性：消费者应关注和保护食品的多样性。选择购买传统和地方特色食品，支持保护传统农业和食品文化。

⑧ 对于社会和环境的责任：消费者应选择支持具有社会和环境责任感的食品品牌和公司。关注企业的社会责任报告和公益行动，选择购买符合道德准则和可持续发展原则的食品。

消费者食品伦理要求消费者在选择和购买食品时，注重食品安全和质量，关注食品的透明度和可追溯性，关注动物福利，选择可持续食品，支持本地产地和农民，避免食品浪费，保护食品多样性，以及对社会和环境负责任。通过遵守这些原则，消费者可以在购买和消费食品的过程中保护自身的权益，促进食品行业的可持续发展，构建一个更加健康、安全和可持续的食品消费环境。同时，消费者食品伦理也推动生产者和供应链各环节的改进和透明化，提高了整个食品行业的质量标准和公信力。

5.2.2 食品营养的消费者伦理

食品营养的消费者伦理是指在选择、购买和消费食品时，应当客观、科学地了解食品成分和营养价值，并选择符合个人健康需求的食品，以达到营养均衡和健康生活的目的。

① 知识水平和科学分辨能力：消费者应该具备相关食品营养知识，以便能够客观分辨营养成分。消费者应该重视食品营养的科学管理，注重食品的碳水化合物、脂肪、蛋白质、膳食纤维等营养素，以科学的方式获取所需的能量和营养素。

② 参考食用建议：消费者应参照相关的食用建议，为自己购买合适的食品。例如，孕妇、老人、儿童和运动员等各有不同的营养需求，消费者应认真选择符合个人健康需求的食品。

③ 着重选择高营养价值的食品：消费者应在日常饮食中酌情选择富含蛋白质、膳食纤维、维生素和矿物质等营养素的食品。例如，红肉、海鲜、豆类及其制品等含有高质量蛋白质的食品，以及水果、蔬菜、全谷类和坚果等含有丰富的膳食纤维、维生素和矿物质的食品。

④ 合理选择食品和营养补充品：消费者可以根据自身需要选择食品和营养补充品来满足自身的营养需求。但是，消费者应从正规渠道购买产品，优先选择合法登记的食品和营养产品，以保证在使用过程中的安全性和有效性。

⑤ 合理控制饮食量和时间：消费者应合理控制自己的饮食量和进食时间，避免摄入过多的能量。尤其对于经常进食快餐及高油脂、高热量食品的消费者，更应该注意健康饮食的规律性和均衡性。

⑥ 减少食品浪费：消费者应该在购买食品时认真考虑日常饮食的需求和

实际情况，在满足自己体内所需营养的前提下，尽量避免超量购买，从而减少食品资源的浪费。

⑦ 关注应用营养学安全和健康：消费者还应该关注应用营养学在安全和健康方面的问题。应用营养学目前在营养补充、整体营养管理上有广泛应用，由于存在一定的风险，消费者应了解营养补充品的作用、成分等，同时选用受到相关监管机构认可的品牌和产品。

⑧ 选择健康的烹饪方法：消费者在烹饪食品时应选择健康的烹饪方法，避免使用过多的油脂或高温煎炸等不健康的方式。例如，蒸、煮、炖等烹饪方法能够更好地保留食品中的营养成分，同时减少不必要的食品添加物。

⑨ 尊重个人特殊需求：消费者应尊重个人的特殊需求，例如，素食主义、无乳制品或无麸质等饮食限制。了解自己的饮食需求并选择符合特殊需求的食品，以满足个人的健康、宗教和文化等方面的要求。

⑩ 增加食品多样性：消费者应尝试增加食品的多样性，通过食用不同种类的食品，如水果、蔬菜、谷物和坚果等，以及不同类型的肉类和鱼类，从而获得更多种类的营养和健康益处。

⑪ 了解食品标签和声明：消费者应仔细阅读食品包装上的标签和声明，了解食品的成分、营养信息、添加剂等相关信息。这样可以帮助消费者做出更明智的购买决策，并选择符合自己健康需求的食品。

⑫ 关注可持续和环保食品：消费者应选择关注可持续和环保的食品。这包括购买有机和本地产地食品，避免购买使用过多包装材料的食品，以及减少海洋资源的消耗，如选择可持续捕捞的海产品。

⑬ 教育和信息分享：消费者可以通过教育自己和与他人分享食品营养知识，提高整个社会对食品营养的认知水平，促进健康饮食和营养均衡的普及。

⑭ 提供反馈和参与：消费者可以积极提供对食品相关政策和监管的反馈，参与消费者权益保护和食品行业的改进。参与相关组织和倡导团体，为食品营养的消费者伦理发声，推动食品行业向更加健康、透明和可持续的方向发展。

通过遵循食品营养的消费者伦理原则，消费者可以更好地保护自己的健康，选择营养丰富和符合个人需求的食品，同时也推动食品行业的发展，提高食品质量和公众健康意识。消费者对食品营养的消费者伦理的重视和实践，将对整个社会的健康饮食和营养均衡产生积极的影响。

5.2.3 消费者权益保护与食品伦理

消费者权益保护与食品伦理是两个相互关联的领域,共同目标是保障消费者在选择、购买及食用食品过程中享有公正、诚信与安全的权利。

5.2.3.1 消费者权益保护的重要性

消费者权益保护是为了维护消费者的合法权益,并促使企业遵守规范,提供安全和高质量的产品和服务。对于食品领域来说,消费者权益保护尤为重要,因为食品直接关系到人类的生命健康。保护消费者权益有助于建立更加公正和可持续的食品市场,提升整个社会的食品安全意识和水平。

5.2.3.2 消费者权益保护的基本原则

(1) 信息公开透明

消费者有权获得食品的准确、充分、及时的信息,包括食品成分、营养价值、生产过程、负责声明、过期日期等相关信息。食品企业有义务向消费者提供真实、完整的产品信息,并负有告知任何潜在食品风险的责任。

(2) 选择自由权

消费者有权根据个人的需要和偏好选择适合自己的食品。食品企业不得采取虚假宣传、强制购买、限制竞争等手段侵害消费者的选择自由权。

(3) 安全保障权

消费者有权要求食品企业提供安全、无害的食品。食品企业应遵守食品安全法律法规,加强食品生产、加工、运输和销售环节的安全管理,确保食品的安全性和质量。

(4) 质量保证权

消费者有权获得符合国家法律法规标准的食品产品。食品企业应严格控制产品质量,确保食品达到国家标准,并对产品质量承担法律责任。

(5) 维修、更换、退货权

消费者在购买食品产品时,有权要求维修、更换、退货等合法权益。特别是在购买到有质量问题或过期的食品时，消费者应有权利要求食品企业承担相应责任。

5.2.3.3 食品伦理与消费者权益保护的关系

食品伦理涉及在食品生产、销售和消费过程中遵循的道德原则和社会责任，而消费者权益保护正是食品伦理的一种具体体现。保护消费者的权益，促使食品企业遵循伦理标准，提供符合伦理要求的食品产品。

(1) 伦理标准与食品安全

食品安全是食品伦理的基础，维护消费者的食品安全权益是食品伦理的核心。消费者权益保护可以推动食品企业加强食品安全管理，确保食品产品的安全性和质量。

(2) 伦理标准与产品真实性

食品伦理要求食品企业提供真实、准确的产品信息，避免虚假宣传、欺骗消费者。消费者权益保护也通过要求食品企业向消费者提供真实、完整的产品信息来促进食品伦理的实践。

(3) 伦理标准与可持续性

食品伦理要求食品企业考虑环境和社会责任，制定可持续性战略。消费者权益保护可以推动食品企业提供可持续、环保的产品，从而推动可持续实践和促进碳中和目标的实现。

(4) 伦理标准与社会公益

食品伦理关注消费者的健康和福利，尤其关注弱势群体的营养保健问题。消费者权益保护可以通过要求食品企业提供营养丰富的产品以及关注弱势群体的营养需求来推进社会公益的实践。

(5) 伦理标准与食品文化

食品伦理蕴含着深厚的文化背景。保护消费者权益不仅能够保障其合法权益，还能在一定程度上推动食品文化的传承与发展。例如，通过保护具有地域特色的食品，可以促进食品文化的传播与保护，从而丰富和延续多样化的饮食文化传统。

5.2.3.4 消费者权益保护在实践中面临的挑战

(1) 技术和科学的复杂性

食品工程伦理需要不断更新和适应不断发展的科学技术，提高对新技术的伦理思考和评估。

（2）信息不对称

消费者通常对食品加工和生产过程的了解有限，容易受到虚假宣传和误导。加强食品信息公开和消费者教育，提高消费者的知情权和选择权是重要的挑战。

（3）监管的难度

食品工程伦理需要监管部门加强对食品企业的监督和执法力度，但监管任务繁重，配备足够且具备相应能力的监管人员也是一个挑战。

（4）利益冲突

在食品工程中，利益相关方众多，可能存在各种利益冲突，如企业追求利润最大化与保护消费者权益之间的冲突。平衡各方的利益，推进消费者权益保护和食品工程伦理是一个复杂的问题。

综上所述，消费者权益保护与食品工程伦理是密不可分的。通过加强消费者权益保护和食品工程伦理的实施，可以确保食品的安全和质量，保护消费者的健康权益，促进社会和企业的可持续发展。实现这一目标需面对技术、信息、监管和利益等多重挑战。因此，政府、企业和社会各方必须协作，建立完善的制度和机制，推进消费者权益保护和食品工程伦理的持续实践与发展。

5.2.3.5 消费者权益保护与食品伦理的发展方向

未来，消费者权益保护与食品伦理将面临以下挑战和发展方向。

① 技术创新将带来食品安全性的新问题。例如，利用基因编辑技术生产的食品可能存在着食品安全和道德等问题，需要加强监管和伦理审查。

② 公众营养和健康意识的提高将引领消费趋势。消费者将更注重食品的营养价值和对健康的影响，促使企业生产更多营养丰富、健康的食品。

③ "低头族"和快节奏生活方式的转变可能会影响消费者的健康饮食意识。这需要通过各种方式，提高消费者的饮食健康意识，促进营养均衡饮食。

④ 消费者需求的多样化将使食品企业面临更大的生产和营销压力。食品企业需要加强创新，生产更符合消费者需求的产品，同时保证食品的安全和质量。

总之，针对消费者未来的需求和社会变革，消费者权益保护和食品伦理都需要不断创新和发展。消费者也应积极参与到食品伦理和权益保护的推进中，通过明智的食品选择和有效反馈，共同促进食品行业的健康发展，保障食品安全和消费者权益。

5.3 信息公开与透明度的伦理考量

信息公开和透明度在当代社会具有重要的伦理价值和意义。本节旨在探讨食品信息公开和透明度的伦理考量，分析其对个人、组织和社会的影响，并提出相应的伦理原则和实施途径。通过对伦理价值、隐私权保护、信任构建等方面的讨论，以期为促进信息公开和透明度的伦理实践提供一定的指导和借鉴。

5.3.1 信息公开的伦理原则

5.3.1.1 信息公开与透明度的定义和特点

信息公开是指以透明、公正和平等的原则向公众披露有关事物或行为的相关信息。信息公开的意义在于促进公共利益的实现、提高决策的质量和公众参与的程度。

信息公开和透明度有以下特点。

（1）公共性

信息公开和透明度都涉及公共领域的信息和行为，与公众利益紧密相关。

（2）可获得性

信息公开和透明度都强调信息的可获取性，公众有权获得和了解相关信息。

（3）可比较性

信息公开和透明度要求信息和行为可比较，以便公众和利益相关者进行对比和评估。

（4）促进责任和问责

信息公开和透明度有助于促进责任和问责的实现，避免滥权和腐败行为的发生。

5.3.1.2 信息公开的伦理价值

(1) 信息公开对个人的伦理价值

① 促进个人权利的实现：信息公开使个人能够获得合法权益的保障，增强个人主体性和自由选择的能力。

② 增强个人的知情权：信息公开使个人了解相关事物和行为，提供了获得权威和真实信息的途径，增强了个人的知情权。

③ 促进个人的审慎和独立思考：信息公开鼓励个人对信息进行分析和评估，提高个人的批判思维和决策能力。

(2) 信息公开对组织的伦理价值

① 增加组织的透明度和诚信度：信息公开使组织的经营和决策过程更加透明，建立了组织的诚信形象，增强了组织的公信力。

② 促进组织的责任感和社会声誉：信息公开鼓励组织履行其社会责任，提升其在社会中的形象和地位。

③ 促进组织的创新和竞争力：信息公开为组织提供了更广泛的信息资源，促进创新、提升竞争力，推动组织的可持续发展。

(3) 信息公开对社会的伦理价值

① 提升社会的公正和公平性：信息公开促进资源和机会的公正分配，减小信息差异，促进社会的公正和公平。

② 增强社会的民主参与和监督力度：信息公开使公众能够参与决策过程，监督政府和组织的行为，增强社会的民主性和监督力度。

③ 促进社会的可持续发展：信息公开为社会提供了基础数据和依据，促进科学决策、资源合理利用，推动社会的可持续发展。

信息公开具有重要的伦理价值，对个人、组织和社会都具有积极影响。通过促进个人权利、增强组织透明度、提升社会公正性和民主参与等方面的作用，信息公开有助于构建一个公正、透明、民主和可持续发展的社会。为了实现信息公开的伦理价值，需要加强相关法律法规的制定和执行，提高公众意识和参与度，推动信息公开的实践和发展。

5.3.2 透明度的伦理原则

透明度是让信息公开变得重要的一个关键部分,它对于道德标准非常重要。本节将探讨透明度的伦理原则,包括其定义和特点、在不同领域的应用和挑战,并对实现透明度提出相应的伦理建议。

(1) 透明度的定义和特点

透明度是指信息或行为的显露程度。在伦理学中,透明度体现为一种精神状态,指行为人主观上主张透明、公开,遵循公正、公平和法律规定等准则。

透明度有以下特点。

① 可比较性:透明度必须可比较,以便公众可以了解和比较不同信息或行为之间的异同。

② 持续性:透明度不应只是临时性的,而应保持一定的持续程度,以便公众及时掌握信息。

③ 认知性:透明度需要具有一定的认知性,确保被公众识别和理解。

④ 敏捷性:透明度在实现时需要具有一定的敏捷性,反映事物的实际情况。

(2) 透明度在政府领域的伦理原则

透明度在政府领域的实践中比较广泛,与保障公民权利、促进政府治理和监督等方面有关。以下是透明度在政府领域的伦理原则。

① 公共资料和政策应该尽可能地向公众开放和透明。

② 政府行为和政策制定应该明确、公平、透明,符合法律法规和社会伦理标准。

③ 公众应该有机会对政府行为及决策进行监督和参与。

④ 政府应充分尊重公民权利,保护其个人隐私和信息安全。

(3) 透明度在企业领域的伦理原则

透明度在企业领域的应用相对较少,但其体现出的伦理原则不亚于在政府领域的应用。以下是透明度在企业领域的伦理原则。

① 企业经营应依法合规,公开透明,拥有公众信任和社会认可度。

② 企业行为和决策应遵循伦理道德原则,保障消费者和员工的合法权益

得到实现。

③ 企业应促进以诚信为核心的伙伴关系，履行社会责任，推动可持续发展。

④ 企业应注重信息安全、隐私保护等方面的透明，保障个人数据安全和知情权。

（4）透明度的伦理挑战和解决方案

尽管透明度在政府和企业领域的应用取得了一定成就，但仍然面临伦理挑战。主要表现在以下几个方面。

① 信息过载和数据产业化：信息爆炸和数据产业化使透明度被滥用和缺乏真实性。

② 隐私权和信息安全：透明度与隐私权、信息安全等价值冲突，需要进行平衡与权衡。

③ 政府监管的有效性：政府在保障透明度方面的监管和执行力度不足，容易导致信息不透明和滥用行为。

针对以上伦理挑战，可以采取以下解决方案。

① 加强监管和执法力度：政府应加强对透明度实践的监管和执法力度，确保信息公开和行为透明的合规性。

② 完善法律法规和制度机制：建立健全法律法规和制度机制，明确透明度要求和实施细则，确保透明度的可操作性和有效性。

③ 提高公众意识和参与度：通过教育和宣传活动，提高公众对透明度的认知和重视程度，鼓励公众参与透明度实践和监督。

④ 强化企业责任和自律机制：企业应主动履行社会责任，建立健全的透明度标准和自律机制，推动透明度的内部管理和外部披露。

⑤ 促进技术创新和信息安全保障：借助技术手段，加强信息加密和隐私保护措施，确保在实现透明度的同时，平衡好个人隐私和信息安全的需求。

透明度作为一种伦理原则，在政府和企业领域具有重要的意义。它有助于建立公正、公平和受信任的社会环境，促进良好的治理和可持续发展。然而，实现透明度面临着一些伦理挑战，需要加强监管、完善法律法规、提高公众参与度、强化企业责任和自律，以及加强技术创新和信息安全保障等方面的努力。只有通过持续的努力和合作，才能推动透明度的实践和发展，建设更加开放、公正和可信的社会。

5.3.3 信息公开与透明度的伦理关系

信息公开与透明度是伦理关系的重要组成部分，尤其在现代社会信息爆炸的背景下，信息公开和透明度对于促进公正、诚信和社会责任具有重要意义。以下是关于信息公开与透明度的伦理关系的详细介绍。

（1）信息公开与透明度的伦理关系应遵循的原则

① 公正和真实原则：信息公开和透明度是实现公正和真实原则的重要手段之一。通过向公众提供充分和准确的信息，行为者能够体现公正和真实的原则，并受到公众的评估和监督。

② 信任和诚信原则：信息公开和透明度有助于树立信任和诚信。通过向公众提供透明度，行为者能够展示他们的诚信和可靠性，增加公众对其的信任和信心。

③ 社会责任原则：信息公开和透明度是实现社会责任的重要方式之一。通过公开信息和保持透明，行为主体能够接受公众的监督和评估，确保他们的行为符合社会伦理标准，并体现社会责任的原则。同时，公众通过获取充分和准确的信息，可以对行为者的社会责任表现进行评估和监督，促进社会责任的落实。

④ 消费者权益原则：信息公开和透明度是保护消费者权益的重要方式之一。消费者有权获得产品和服务的真实、准确和详尽的信息，以便做出明智的购买决策。通过实现透明度，行为者可以向消费者提供关于产品和服务的详细信息，从而确保消费者权益得到充分保护。

⑤ 可持续发展原则：信息公开和透明度是实现可持续发展的重要手段之一。行为者可以通过公开和透明的方式，展示其在环境和社会责任方面的承诺和表现，促进企业和组织遵循伦理标准，推动可持续发展和社会责任的实践，从而促进长远的环境保护和社会福祉。

（2）信息公开与透明度的应用

① 政府和公共组织：政府和公共组织应该注重信息公开和透明度，向公众提供政府决策和政策制定的信息，加强公众参与和监督，推动政府工作与公众利益更加契合。

② 企业和市场组织：企业和市场组织应该注重信息公开和透明度，向消费者提供真实、准确和详尽的产品和服务信息，促进消费者权益的保护和企业社会责任的实践。

③ 社会组织和非营利组织：社会组织和非营利组织应该注重信息公开和透明度，向公众清晰展示组织的发展和成果，加强组织透明度和责任感，确保对公众负责。

④ 个人和个体行为者：个人和个体行为者应该注重信息公开和透明度，保障个人行为符合伦理和社会责任的标准，推动个人行为符合社会行为规范。

(3) 信息公开与透明度的发展趋势

① 技术创新与信息加密：随着技术的飞速发展，信息公开和透明度面临着新的挑战。人们需要处理的信息量越来越大，难以把握其中的真伪和客观性。此外，随着加密技术的发展与普及，行为者可以隐瞒他们的信息，增加信息公开和透明度的难度。

② 公众参与与协作：随着社会公众的环保意识和社会责任的提高，公众参与与协作也成为信息公开和透明度的新趋势。公众可以透过互联网、社交媒体和网络平台，对行为者进行监督和评估，促进信息的公开透明和社会责任的履行。

③ 智能化风险评估：随着技术的发展，智能化风险评估也成为信息公开和透明度的新工具。通过分析行为者的信息和行为，智能化风险评估系统可以评估风险和可信度，从而促进更高水平的信息公开和透明度，确保利益相关者能够获得更准确和可靠的信息。

总之，信息公开与透明度是伦理关系的重要组成部分，它们在社会伦理中扮演着重要的角色。信息公开与透明度有助于维护公正、诚信，践行社会责任，并促进可持续发展。通过确保行为者的行为可以被公众监督和评估，保证信息公开与透明度促进了社会的公正和正义。

信息公开与透明度还有助于建立信任和诚信的关系。当行为者通过公开和透明的方式展示他们的决策过程、行为和结果时，能够增加公众对他们的信任和信心。这对于建立良好的商业关系、保护消费者权益和维护组织的声誉至关重要。

此外，信息公开与透明度也推动了可持续发展和社会责任的实践。通过向公众展示企业和组织的环境和社会责任表现，行为者可以促使他们采取符合伦理标准的行动，推动可持续发展和社会责任的落实。

在实践中，政府、企业、社会组织、非营利组织和个人都应该重视信息公开与透明度。政府和公共组织应该向公众提供政府决策和政策制定的信息，推动透明治理和公众参与。企业和市场组织应该向消费者提供真实、准确和详尽的产品和服务信息，保护消费者权益和推动可持续发展。社会组织、非营利组织和个人应该通过信息公开和透明度展示其发展进程和取得的成果。这不仅加强了对自身行为的责任感，也确保了对公众的负责，建立信任并促进更广泛的参与和支持。

未来，随着技术的发展，信息公开与透明度也会面临新的挑战和机遇。技术创新和信息加密使信息公开与透明度更具挑战性，但智能化风险评估和公众参与与协作也为信息公开与透明度提供了新的工具和途径。

综上所述，信息公开与透明度与伦理关系紧密相连。它们促进了公正、诚信、社会责任和可持续发展的原则，并为建立信任和诚信的关系提供基础。各个领域和个人都应该重视信息公开与透明度，并将其纳入自身行为和决策的原则中，以构建更加公正、诚信和负责任的社会。

5.4 食品标签与信息公开的伦理考量

食品标签是指在包装、容器、袋装或盒装的产品上所贴带的，表示该产品商品名称、成分、规格、生产企业、负责人、生产许可证编号、过敏原等信息的标签，它是消费者购买食品时必须了解的重要信息之一。食品标签的内容与质量直接关系到公众的健康和权益。因此，其设计、制作和使用中需遵循伦理原则，保障消费者权益和社会责任。

5.4.1 食品标签的伦理原则

① 真实原则：食品标签应当真实、准确地反映食品的真实成分、保质期等信息，不得存在虚假信息、隐瞒或误导。行为者在制作食品标签时应当遵循真实原则，进行真实标注，向消费者提供真实、准确的信息。

② 公正原则：食品标签应当公正、客观地反映食品的质量和安全水平，不得歧视、宣传虚假信息或误导消费者。行为者在制作食品标签时应当遵循公正原则，不得违背道德和法律法规规定，对消费者进行欺诈、误导。

③ 合理原则：食品标签应当合理地体现食品的成分和营养价值，满足消费者的合理需求，不得夸大、虚构或误导。行为者在制作食品标签时应当遵循合理原则，标注必要的营养成分和防腐剂等添加物，以提供有价值的信息。

④ 安全原则：食品标签应当保障食品的安全和卫生，保护消费者的健康和权益，不得使用有毒或有害的物质。行为者在制作食品标签时应当遵循安全原则，确保食品成分和防腐剂等添加物符合标准和规定，不会对消费者造成健康危害。

⑤ 透明原则：食品标签应当透明、清晰和易读，消费者容易获得和理解所需的信息，有助于保障消费者的权益和公众利益。行为者在制作食品标签时应当遵循透明原则，提供规范化的标签格式，使消费者更好地理解和评估食品的质量和安全水平。

5.4.2 食品标签的伦理应用

① 真实原则的应用：行为者在制作食品标签时应当真实、准确地反映食品的真实情况，不得虚假宣传、隐瞒或误导。

② 公正原则的应用：行为者在制作食品标签时应当公正、客观地反映食品的质量和安全水平，不得歧视、宣传虚假信息或误导消费者。

③ 合理原则的应用：行为者在制作食品标签时应当合理地体现食品的成分和营养价值，不得夸大、虚构或误导。

④ 安全原则的应用：行为者在制作食品标签时应当保证食品成分和防腐剂等添加物符合标准和规定，不会对消费者造成健康危害。

⑤ 透明原则的应用：行为者在制作食品标签时应当提供规范化的标签格式，使消费者更好地理解和评估食品的质量和安全水平。

食品标签是企业对消费者的一种承诺，公众对于食品安全和质量有着非常高的要求，因此在食品标签设计中应当注重伦理原则。行为者应当遵循真实、公正、合理、安全和透明的原则，在制作和使用标签时，注重消费者权利和公众利益，确保消费者可以了解食品的成分和营养成分信息，从而更好地保护和促进公众的健康和权益。此外，为了实现可持续发展，行为者还应当注重标签的环保和可持续性，遵循伦理原则，推动食品产业更好地发展。

5.4.3 食品标签的伦理挑战

尽管食品标签在保护消费者知情权和保障消费者健康方面发挥了重要作用，但是仍存在一些伦理问题。

(1) 标签虚假宣传

在某些情况下，食品标签存在虚假宣传的问题，误导消费者。在这种情况下，消费者可能无法真正了解产品的实际成分和营养价值，从而对其饮食选择产生负面影响。食品工业的营销部门可能会强调某种成分的重要性或使用安全的假象，以吸引更多的消费者。通过在标签上使用有偏见或误导性的信息，食品企业可能会欺骗顾客来获得利润。

(2) 标签复杂度问题

标签过分复杂，信息过于冗长，使得消费者难以理解需要考虑的信息并做出正确的购买决策。特别是对于老年人、外国人和低倾向群体，标签复杂度可能成为他们最终购买决策的障碍，从而导致错误的选择和健康问题。

(3) 标签使用技术问题

标签技术的使用也可能存在伦理问题。例如，烫金印字和超级常量印刷等标签技术在食品生产和制造过程中可能会使用化学品和有害的环境污染物，这会对环境和消费者健康产生负面影响。

(4) 标签歧视问题

某些食品标签如果特指某种特定来源或族裔的食品制造商或消费者，可能会引发或加剧人们对这些群体的刻板印象和偏见。这种歧视性标记不仅可能误导消费者，影响他们的选择，还可能对特定群体的健康和社会公正造成不利影响。

(5) 标签信息不完整

有时候，食品标签上的信息可能不完整或不准确。食品企业可能会隐瞒某些信息，或者缺少关键信息，以避免不利的认知或法律责任。这使得消费者无法全面了解食品产品，对其健康和安全产生潜在风险。

（6）数据保密问题

在一些情况下，食品标签上的信息可能涉及商业机密或专有配方。这使得消费者无法获得完整的食品成分列表，从而无法做出全面的决策。

（7）标签的可读性问题

食品标签上的信息可能会受到字体大小、颜色和排版等因素的影响，使得消费者难以阅读和理解。对于视力受损者或老年群体而言，这种影响尤为显著。这可能导致消费者无法充分了解产品的信息，从而对其健康产生影响。

总之，食品标签在保护消费者知情权和保障消费者健康方面扮演着关键的角色。然而，标签虚假宣传、标签复杂度、标签使用技术、标签歧视、标签信息不完整、数据保密和标签的可读性等伦理问题也需要引起我们的关注。为了有效解决这些问题，需要制定更加严格和规范的标签法律法规，并提倡透明、准确和简明的标签内容，以确保消费者能够获得真实、全面和易于理解的食品信息，从而保障他们的健康和福祉。

5.4.4　应对食品标签的伦理困境

食品标签伦理困境是指在制作和使用食品标签过程中可能遇到的道德和伦理问题。食品标签涉及公众的健康与权益，因此任何与标签相关的失责行为都可能对消费者和社会产生负面影响。下面将介绍一些常见的食品标签伦理困境以及应对这些困境的方法和原则。

为了应对食品标签伦理困境，行为者应当遵循以下方法和原则。

① 遵循伦理和法律法规：行为者应当遵循道德和伦理规范，同时遵守相关的法律法规，确保食品标签的制作和使用过程合法合规。

② 提高标签制作和使用的透明度：行为者应当提供准确和透明的食品信息，如成分、营养价值、保质期等，确保消费者能够获得真实和全面的信息。

③ 确保标签内容真实和客观：行为者应当避免虚假宣传和夸大食品功效的行为，提供真实、准确、客观的食品信息，以保护消费者的权益和健康。

④ 加强监管和执法力度：政府相关部门应当加强对食品标签的监管，建立完善的监管制度和执法机制，对违规行为者进行严厉的处罚，以保障公众的

权益。

⑤ 提倡自律和行业规范：行业组织应当制定严格的行业规范，加强自律和监督，遏制虚假宣传和不真实的食品标签，推动行业的合规发展。

⑥ 加强消费者教育和知识普及：消费者应当加强对食品安全和质量相关知识的学习和了解，提高辨别食品标签真伪的能力，增强自我保护意识。

⑦ 强化社会监督和舆论引导：社会各界应当积极参与食品标签伦理的监督和舆论引导，通过媒体、社交网络等渠道揭露不合规的行为者以及宣传正确的食品标签知识，形成舆论压力，促使行为者遵循伦理原则。

⑧ 鼓励技术创新和标签技术的发展：行业应当鼓励技术创新，推动标签技术的发展，例如借助区块链、无线射频识别（RFID）等技术追踪食品信息的真实性和安全性，提供更为安全、方便和可信赖的标签系统。

⑨ 加强国际协作和标准统一：各国应当加强食品标签的国际协作与交流，通过共享经验、制定统一的国际标准和规范，遏制跨国行为者的不当行为，保障全球消费者的权益。

⑩ 培养企业社会责任意识：企业应当树立社会责任意识，将消费者利益和公众健康放在首位，推动可持续发展和社会公正，通过行为者自愿采纳伦理原则，以实现企业长远发展和社会共赢。

总之，应对食品标签伦理困境需要行业、政府和消费者的共同努力。行为者应当遵守伦理原则，提供真实、准确、透明的食品标签信息；政府应加强监管和执法力度；消费者应提高食品标签的辨别能力。只有形成一个合作共赢的生态系统，才能确保食品标签的伦理问题得到有效解决，保障公众的健康和权益。

5.5 食品标签与食品营养的伦理考量

食品标签与食品营养之间存在着紧密的关系。食品标签是消费者了解食品成分、营养信息及食品质量和安全等的重要途径，对于保护消费者的权益和健康至关重要。在制作和使用食品标签时，涉及一系列伦理考量，旨在保证标签内容的真实、客观、合理、安全和透明。本节将介绍食品标签与食品营养关系的伦理考量以及在实践中应对这些考量的方法和原则。

5.5.1 食品标签与食品营养的关系

食品营养是指食品所含有的营养物质,包括蛋白质、碳水化合物、脂肪、维生素、矿物质等。消费者在购买食品时,往往会通过食品标签上的营养信息来判断食品的营养价值和适宜性。因此,食品标签在提供准确、全面和透明的营养信息方面至关重要。

然而,食品标签与食品营养之间存在着一些伦理考量。

① 真实和客观性:食品标签应提供真实、准确和客观的营养信息,不夸大或隐瞒食品的营养素含量。行为者应遵守伦理准则,确保标签内容真实可信,不欺骗消费者。

② 科学依据:食品标签应基于科学依据提供营养信息,并遵循科学的营养标准。行为者应确保标签内容符合可靠的研究和评估结果,不滥用或曲解科学信息。

③ 透明度和易理解性:食品标签应以透明且易理解的方式呈现营养信息。标签内容应用简洁、明确的语言描述,避免使用复杂或模糊的术语,让消费者能够轻松理解和比较不同食品的营养价值。

④ 不误导消费者:行为者不应利用食品标签误导消费者,如夸大或歪曲食品的营养价值。标签应以公平和客观的方式呈现信息,不对食品做虚假宣传。

⑤ 特定人群考量:食品标签应考虑特定人群的需求,如婴幼儿、儿童、老年人、患有特定疾病的人等。应在标签上明确标注食品对这些特定人群的安全和适宜性,以确保其健康和权益。

⑥ 预防营养偏见:食品标签应避免夸大某些特定营养素的重要性,以防止消费者被误导,专注于单一营养成分而忽视均衡饮食的重要性。

5.5.2 应对食品标签与食品营养伦理问题的方法和原则

为了应对食品标签与食品营养伦理问题,行为者应遵循以下方法和原则。

① 营养科学的合理运用:行为主体应在食品标签的制订和使用中恰当运

用营养科学。确保标签上的营养信息基于科学研究和实证证据,避免滥用或曲解科学结果。

② 透明和全面的标签信息:食品标签应提供透明、全面和易理解的营养信息,以帮助消费者做出明智的食品选择。标签内容应标明食品的主要营养成分和含量,并提供参考摄入量等相关信息,让消费者能够全面了解食品的营养价值。

③ 不误导和不夸大宣传:行为者应遵循真实原则,避免在食品标签上夸大或误导消费者关于食品营养的认知。标签应以客观和可信的方式呈现信息,不应通过夸大宣传来吸引消费者的注意。

④ 特定人群的关怀:针对婴幼儿、孕妇、老年人、患有特定疾病的人等特定人群,食品标签应提供特定的营养信息和安全提示,确保这些人群能够根据自身需求做出适当的食品选择。

⑤ 客观且易理解的标签设计:食品标签的设计应以消费者为中心,注重易读性和可理解性。标签内容应用简洁明了的语言和图像来传达食品的营养信息,并以清晰的格式展示主要成分和含量。

⑥ 加强监管与合规:政府相关部门应加强对食品标签的监管,确保行业从业者遵循伦理原则和法律法规,提倡事先监管和事后执法,对违规行为者进行处罚,以保护消费者的权益。

⑦ 消费者教育与权益保护:消费者应积极提高食品标签的辨识能力和营养知识,了解合理的饮食原则,以便在购买食品时能够做出明智的选择。同时,应增强对伪劣产品的辨别能力,并举报侵害消费者权益的行为。

总结起来,食品标签与食品营养之间存在着紧密的关系,行为者在制订和使用食品标签时应遵循伦理原则,提供真实、客观、透明且易理解的营养信息。政府应加强监管和合规,消费者应增强自我保护意识和饮食素养。只有在全社会的共同努力下,才能实现食品标签与食品营养的伦理协调,保障消费者的权益和健康。

本章深入剖析了食品营养与消费者伦理之间的复杂联系,强调了诚信、合

理、环保及社会责任消费的重要性，并指出了消费者权益保护、信息公开与透明度的必要性。我们认识到，确保食品安全、质量和维护消费者权益不仅是政府和企业的职责，也是每位消费者的责任。因此，为了推动一个更健康、公正和可持续的消费环境的建立，消费者应提升自身的消费者权益意识，通过教育和培训了解自身的权利和责任。实践理性消费，积极参与维权活动，同时关注食品标签和信息透明度，做出明智的消费决策。

与此同时，政府应加强相关立法和监管，确保市场的公平和透明，同时鼓励和支持企业遵循伦理标准，提供安全可靠的产品，建立有效的投诉处理机制。通过不断的技术创新，加强信息加密和隐私保护，确保透明度与个人隐私和信息安全之间的平衡。只有消费者、企业和政府三方共同努力，才能有效地推动社会公正、企业责任和消费者权益保护，共同构建一个公正、诚信和可持续的消费社会。

参考文献

[1] 邓安庆. 斯多亚主义与现代伦理困境[M]. 上海：上海教育出版社，2023.

[2] 李正风，丛杭青，王前，等. 工程伦理[M]. 北京：清华大学出版社，2016.

[3] 查尔斯·E. 哈里斯，迈克尔·S. 普里查德，迈克尔·J. 雷宾斯，等. 工程伦理概念与案例[M]. 5版. 丛杭青，沈琪，魏丽娜，等译. 杭州：浙江大学出版社，2018.

[4] 黄儒强，黄继红. 食品伦理学[M]. 北京：科学出版社，2018.

[5] 李淑芳. 广告伦理研究[M]. 北京：中国传媒大学出版社，2009.

[6] 陈正辉. 广告伦理学[M]. 上海：复旦大学出版社，2008.

参考案例

食品标签诚信案例

在某食品加工企业中，在线销售其公司产品时，产品标签标注的内容与产品本身包含的物质存在本质的区别。在网络曝光后，该公司还坚持称其产品没有任何问题。经过权威部门检测发现，其销售产品确实存在相应的严重问题。

这种行为误导了消费者，严重侵犯了消费者的权益。通过对这种行为严肃查处，强调了诚信、社会责任消费等的重要性，并指出了消费者权益保护、信息公开与透明度的必要性。让我们认识到，确保食品安全、质量和维护消费者权益不仅是政府和企业的职责，也是每位消费者的责任。与此同时，政府应加强相关立法和监管，确保市场的公平和透明，同时鼓励和支持企业遵循伦理标准，提供安全可靠的产品，建立有效的投诉处理机制。

思考与讨论

1. 如何平衡营养和美味？在食品制造过程中，如何确保食品既具备良好的营养价值，又能满足消费者对美味的追求？应该采取哪些措施来解决这一问题？

2. 在食品行业中，如何平衡提供大众消费者所需的实惠食品与特定消费者需求的个性化营养产品之间的关系？应该如何确定和满足不同消费者群体的独特需求？

3. 在食品广告和包装上，如何确保信息的真实性和准确性，以避免误导消费者？应该有哪些监管措施来保护消费者的权益？

4. 面对日益增长的食品浪费问题，消费者应该如何在购买和食用食品时更加负责任？食品行业又应该采取怎样的措施来减少食品浪费的发生？

5. 在食品添加剂和基因改良等新技术的应用中，如何平衡食品安全、消费者健康和环境可持续发展之间的关系？政府、企业和消费者在面对这些新技术时应该有怎样的思考和行动？

6 食品工程职业伦理

引言

在现代社会，食品行业发展迅速，而随之而来的是越来越多的食品工程专业人士涌现，他们承担着影响人们健康的任务。在这个过程中，食品工程职业伦理的话题也应运而生。食品工程职业伦理主要关注食品生产过程中的道德原则和行为，涉及确保食品安全、维护消费者权益、保护环境等方面。因此，食品工程师需要充分认识到职业伦理的重要性，坚守底线，保护消费者的利益和社会责任，不断提升职业道德素养。同时，也需要整个社会以及政府的监管和引导，提供规范化的行业标准和道德指引，共同促进食品行业的健康发展。

6.1 食品工程师与工程社团

6.1.1 食品工程师

食品工程师是从事食品生产和加工的专业人员，他们负责设计、开发、优化和管理各种食品产品和工艺。为了保证食品工程师行为的合法性和合理性，食品行业制定了一系列的职业准则和规范。这些准则和规范对食品工程师的职业活动和行为进行规范和约束，涵盖了多方面的内容。

（1）食品工程师的职业定位

食品工程师的职业定位是负责食品生产和加工的技术专家。他们需要了解食品科学、工程原理和食品安全标准，以确保食品的质量和安全性。食品工程师在食品工业中的角色是多方面的，包括食品生产流程的优化、设备和工艺的设计、新产品的开发和测试、食品安全的管理和监控等。

（2）食品工程师的职业准则

职业准则是指一组规定食品工程师需遵循的准则，以确保他们在职业生涯中始终保持高度的职业道德和职业规范，运用专业知识服务于社会的通用法律、职业理念和行为规范。下面列出了一些食品工程师职业准则的内容。

① 遵循法律法规和行业标准：食品工程师应当遵守国家法律法规、职业标准和行业规范，保证食品质量和安全，并消除和报告食品安全问题。

② 着重质量和安全：食品工程师应该经常思考如何提高食品质量和安全性，并在产品设计、加工、灭菌、储存和销售的各个阶段考虑安全问题，不断改进和完善。

③ 合理使用资源和注重环保：食品工程师应该努力寻求使用更可持续的资源和生产方式来在食品生产和加工中减少对环境的影响。

④ 保持诚信和道德标准：食品工程师应该保持高度的诚信和道德标准，并避免利用职业地位和机会谋取不正当利益。

⑤ 持续发展和学习：食品工程师应该持续发展和学习，使自己的知识和技能与行业最新发展动态保持同步。

6.1.2 食品工程社团

食品工程社团是由食品工程领域的专业人士和爱好者组成的非营利性组织。它们旨在促进食品工程领域的交流、合作和发展，提供一个平台让会员们分享知识、经验和创新成果。食品工程社团以其特定的组织形式、制度、性质和作用，为食品工程师和相关从业人员提供了宝贵的资源和机会，推动了行业的进步和发展。

（1）组织形式

食品工程社团可以以不同的形式存在，以下是一些常见的组织形式。

①学术协会：学术协会是食品工程领域最常见的社团形式。它们由食品工程领域的专家、学者和研究人员组成，致力于推动食品科学、技术和工程的研究与应用。学术协会通常组织学术研讨会、研究交流会或创办学术期刊等，为会员们提供分享最新研究成果的平台。

②行业协会：行业协会是由食品工程行业相关企业、机构和专业人士组成的社团。它们旨在促进行业内的交流合作和共同发展。行业协会通常组织行业展览、研讨会、培训课程等，为会员们提供业务发展、技术创新和市场拓展的机会。

③学生团体：学生团体是由食品工程专业的大学生组成的社团。它们致力于学生之间的交流与合作，提供专业知识和职业发展的支持和指导。学生团体通常组织学术讲座、实践活动、职业培训等，为学生们提供学术和实践的机会。

(2) 制度与性质

食品工程社团的制度和性质在一定程度上取决于组织的规模、目标和运作方式。然而，大多数食品工程社团具有以下一些共同的制度和性质。

①会员制度：食品工程社团通常设有会员制度，吸引专业人士、学生和相关公司加入。会员可以享受社团提供的各种服务和资源，包括学术交流、职业发展支持、资源共享等。

②组织架构：食品工程社团拥有一定的组织架构，通常包括理事会、执行委员会、分会/分支机构等。这些机构负责制定组织的发展战略、管理运营事务、组织活动等。

③活动与项目：食品工程社团组织各种活动和项目，包括学术研讨会、行业展览、培训课程、技术交流等。这些活动和项目旨在促进会员之间的互动与合作，提供专业发展和知识更新的平台。

④出版物：一些食品工程社团会出版学术期刊、会刊、研究报告等，用于分享最新的研究成果和行业资讯。这些出版物通常作为社团会员的福利之一，也可以通过订阅或在线浏览的方式接触到。

⑤非营利性质：食品工程社团一般是非营利性质的组织，它们的主要目的是为会员们提供服务和支持，促进行业的健康、发展和进步。

(3) 作用

食品工程社团在食品科学、技术和工程领域发挥着关键的作用。以下是一些重要的作用。

① 促进交流和合作：食品工程社团为会员们提供了一个交流和合作的平台，让他们分享知识、经验和创新成果。这有助于推动行业的进步和发展，促进各种资源的共享和合作。

② 为会员提供专业发展支持：食品工程社团为会员们提供职业发展和知识更新的支持。会员们可以通过参加研讨会、学习课程和参与项目等，不断提高自己的专业素养和技能水平。

③ 推动行业发展和创新：食品工程社团通过组织各种活动和项目，促进行业的发展和创新。会员们可以参与项目研究和技术创新，推动行业的发展和进步。

④ 维护行业声誉和品质：食品工程社团通过制定和推广行业标准和准则，促进行业的规范化和规范发展。这有助于维护行业声誉和品质，建立行业信誉和公信力。

⑤ 推动国际交流和合作：食品工程社团也在推动国际交流和合作方面发挥着重要的作用。它们通过与国外组织和机构的合作交流，促进国际技术创新和知识共享。

总之，食品工程社团在食品科学、技术和工程领域扮演着重要的角色，它们通过为会员提供服务和支持，促进行业的健康、发展和进步。食品工程社团的组织形式、制度、性质和作用各异，但它们的基本使命是促进会员之间的互动与合作，提供专业发展和知识更新的平台。各类食品工程社团的出现表明了行业的发展和人们对行业进步的关注。作为从业人士，加入食品工程社团，不仅能够拓展个人知识面和增加交流机会，还有利于促进个人职业发展。

6.1.3 食品工程职业制度

为了确保食品工程师具备专业知识和技能，保障食品安全和质量，各国普遍建立了完善的职业准入制度、职业资格制度和执业资格制度。下文将详细探讨食品工程领域的职业制度，包括职业准入制度、职业资格制度和执业资格制度的具体内容及其重要性。

(1) 职业准入制度

职业准入制度是指为了确保从业人员具备基本的职业素养和专业知识，在进入食品工程领域之前必须满足的一系列条件和要求。职业准入制度通常包括以下几个方面。

① 教育背景：食品工程师通常需要具备相关领域的高等教育背景，如食品科学与工程、化学工程与工艺或生物工程等专业的本科或研究生学历。部分国家或地区还要求从业人员必须通过特定的食品工程课程学习，确保他们具备扎实的理论基础和实践能力。

② 实习经验：在正式进入职场之前，食品工程师通常需要完成一定的实习或实践培训。通过实习，学生可以将理论知识应用于实际操作，了解食品生产过程中的各个环节，提高动手能力和解决问题的能力。

③ 考试认证：一些国家或地区设有专门的职业准入考试，考查应试者的专业知识、技能和职业道德。通过考试是进入食品工程领域的重要门槛，确保从业人员具备基本的职业素质和专业能力。

(2) 职业资格制度

职业资格制度是指通过认证和考核，从业人员获得从事食品工程相关工作的资格证书或执照。职业资格制度通常由政府或行业协会设立，旨在规范行业行为，提高专业水平，保障食品安全。职业资格制度包括以下几个方面。

① 资格认证：从业人员需要通过一系列的资格认证考试，获得相应的资格证书。资格认证考试通常包括基础知识、专业知识和实际操作能力的考核。通过认证考试，食品工程师可以证明自己具备从事该行业的专业能力。

② 继续教育：职业资格制度强调从业人员的继续教育和职业发展。食品工程师需要定期参加相关的培训和学习，不断更新专业知识和技能，适应行业发展的需求。继续教育的内容可能包括新技术、新法规、新标准等方面的学习。

③ 职业道德：职业资格制度还强调从业人员的职业道德规范。食品工程师应遵守职业道德准则，保持高度的职业操守，确保在工作中公平、公正、诚信、守法，保障消费者的权益和食品安全。

(3) 执业资格制度

执业资格制度是指在特定的工作岗位或专业领域内，从业人员必须具备的执业资格和执业许可。执业资格制度通常涉及更高层次的专业能力和行业管理要求，主要包括以下几个方面。

① 执业许可证：食品工程师在特定岗位或项目中工作，必须获得相应的执业许可证。执业许可证通常由政府部门或行业监管机构颁发，确保从业人员在特定领域内具备必要的专业知识和操作能力。

② 专业培训和认证：执业资格制度要求从业人员参加专业培训和认证，获得特定领域的执业资格证书。例如，食品安全管理体系认证、食品生产许可证审查员认证等，都是执业资格制度的重要组成部分。

③ 执业监管：执业资格制度强调对从业人员的执业行为进行监管。政府部门或行业协会通过制定行业标准、进行执业检查和评估，确保食品工程师在执业过程中遵守相关法规和标准，保障食品质量和安全。

④ 执业责任和惩罚机制：执业资格制度还包括对从业人员的执业责任和惩罚机制。食品工程师在执业过程中，如果出现违反职业道德、操作规程或相关法律法规的行为，可能面临执业资格的吊销、罚款或其他处罚措施，确保行业的规范和有序发展。

食品工程职业制度是保障食品工程师具备专业能力、确保食品安全和质量的重要制度安排。职业准入制度、职业资格制度和执业资格制度共同构成了食品工程领域的职业规范体系。通过严格的准入标准、资格认证和执业监管，能够有效提升从业人员的专业素质和职业道德水平，推动食品工程行业的健康发展，保障公众的食品安全和健康。未来，随着科技的进步和行业的发展，食品工程职业制度也将不断完善和优化，以适应新的挑战和需求。

6.2 食品工程职业伦理的内涵

6.2.1 食品工程职业伦理的历史

伦理是指对人类行为和价值观的研究和评判，包括道德原则、社会义务和责任。食品工程职业伦理是指食品工程师在从事食品生产、处理和安全方面应遵守的伦理准则。它的起源和发展可以追溯到人类对食品和饮食的关注以及对食品安全、质量和可持续性的追求。

6.2.1.1 起源

食品工程职业伦理的起源可以追溯到古代人类对食物及其加工的关注。早期的人类需要通过观察和实践来发现适宜的食物和加工方法,以保证生存和健康。伦理在食品的选择、处理和分享方面起到了重要的引导作用。例如,共享食物对于社交和建立群体的人类来说是至关重要的。

随着社会的发展,食品生产与经济和贸易紧密相连。农业革命的出现,对食品质量和数量产生了新的要求。伦理在饲养、耕种、收割和加工中起到了指导作用。古代文明,如中国的农耕文化、埃及的灌溉系统和罗马的农业科技,都相应地提出了一些道德和伦理准则,以保证食品的安全和质量。

6.2.1.2 发展

随着工业化和现代化的到来,食品工程作为一门专业逐渐形成。食品工程师在食品生产和加工中承担了重要的责任。因此,食品工程职业伦理开始得到更多的关注和引起重视。

(1) 食品安全意识的兴起

近百年来,食品安全问题愈发突出。食品中的污染、添加剂、激素和转基因成为公众关注的焦点。食品工程职业伦理中的食品安全意识也得到了提升。食品工程师需要承担监督食品安全的责任,确保生产过程中的卫生和食品质量符合标准和法规。

(2) 可持续发展的重要性

在当代社会,可持续发展成了全球的关注焦点。食品工程师需要考虑食品生产的环境影响、物质回收利用和资源保护。职业伦理要求食品工程师在生产过程中尽量减少环境污染并确保资源的可持续利用。

(3) 营养健康的关注

营养健康是食品工程职业伦理中的重要议题之一。食品工程师需要关注食品营养成分、配方设计和食品的功能性,确保食品对人体健康的贡献。

(4) 伦理法规和指南的制定

食品工程职业伦理的发展也带来了相应的伦理法规和指南的制定问题。各国家和地区的食品安全法规、质量标准及食品产业协会的行业准则成为引导食品工程师行为的重要参考文献和指南。这些规范与指南为食品工程师提供了明确的行为准则，旨在确保食品工程师在职业中遵循伦理原则。

(5) 职业培训和道德教育

食品工程职业伦理的发展还需要通过职业培训和道德教育来推动。食品工程师需要了解伦理原则和实践，以及如何应对职业道德困境和挑战。相关的培训和教育课程可以帮助他们增强意识和提高能力，正确处理伦理问题。

食品工程职业伦理的发展不仅受到社会的需求和食品安全问题的关注，还受到食品工程学科自身的发展和成熟的影响。随着科技的进步和专业知识的积累，食品工程师在食品生产、处理和安全方面面临着更多的职业伦理挑战和问题。

总结起来，食品工程职业伦理的起源可以追溯到人类对食物与饮食的关注。它的发展主要受到食品安全意识的提升、可持续发展的重视、营养健康的关注、伦理法规和指南的制定及职业培训和道德教育的影响。食品工程师在职业实践中需要遵循伦理原则，保证食品的安全、质量和可持续性，为人类健康作出贡献。

6.2.2 食品工程职业伦理的定义

6.2.2.1 食品工程师的权利和义务

食品工程师是负责食品生产及加工的专业人员。他们在食品生产和制造过程中拥有很大的权利，但同时也需要履行一定的义务。本节将详细介绍食品工程师的权利和义务，使广大读者对这一职业有更深入的认识。

(1) 权利和职责

① 食品生产和加工

食品工程师在食品生产和加工领域中拥有极大的权利。他们负责设计、开发和监督各种食品生产和加工工艺。食品工程师应确保生产和加工过程中的安全性，以保证最终产品的质量和安全性。在这个过程中，食品工程师还可以选择使用最新的科技和设备，以确保食品的质量和效率。

② 质量控制

作为食品生产和制造的专业人员，食品工程师有责任对食品的质量进行检测和控制。他们必须评估和审查生产过程中可能存在的风险,以及最终产品的质量。通过这些工作,食品工程师可以确保所生产的食品符合严格的食品安全标准和法规,并满足消费者的需求。

③ 产品开发和研究

食品工程师有权利开发新产品,以适应市场和消费者需求的变化。他们可以根据市场和消费者需求,设计制定新产品的配方、生产工艺和包装。此外,食品工程师还应该对新产品进行试验和测试,确保新产品的安全和品质。

(2) 职业责任和义务

① 食品安全和卫生

食品工程师在生产和加工食品时,应该时刻关注和评估食品安全和健康的风险。他们必须确保生产和加工过程的卫生性,并采取有关措施保证最终产品的安全和卫生。在工作中,食品工程师应该积极响应有关生产和加工过程的新发现和技术,使食品生产更加安全和健康。

② 诚实和透明

在职业实践中,食品工程师应该保持诚实和透明,向他人提供真实和准确的信息。他们应该遵循职业规范和行业道德的规定,避免隐瞒或误导其他人。食品工程师有责任确保自己的研究和实验数据的可信性,遵循科学道德和学术规范,并在发布研究成果时遵循科学和道德的原则。

③ 社会责任与可持续发展

食品工程师应该认识到自己的行为对社会和环境的影响,并承担起社会责任和道德义务。他们应该积极推动和响应可持续发展的行动,并以实际行动增进生态环境的持续发展。同样,食品工程师也应该关注社会的需求和问题,积极参与公益事业,并为社会作出贡献。

④ 专业发展和学习

食品工程师应该积极追求专业发展和不断学习。他们应该保持对行业的关注,并持续提升自己的专业知识和技能。食品工程师应参加培训课程、研讨会和会议,与同行交流和分享经验,以跟上行业的最新发展和最新的技术趋势。他们还应该积极探索和采纳新技术和新方法,以提高工作效率和产品质量。

⑤ 保护消费者权益

作为食品工程师,保护消费者权益是其重要的职责之一。他们应确保生产和加工的食品符合食品安全和质量标准，并提供准确、可靠的食品信息给消费者。食品工程师还应积极参与消费者教育活动，提高公众对食品安全和营养的认知水平。

⑥ 合法合规和道德行为

食品工程师应遵守相关的法律法规和行业规范，确保自己的工作和行为符合法律要求，同时也要符合职业道德和行业准则。他们应积极配合相关监管机构的检查和调查，并遵守机构的要求。

⑦ 职业道德和职业操守

食品工程师有责任遵循职业道德和职业操守，在工作中表现出诚信、责任感和可靠性。他们应尽力保护自己的职业声誉和行业的声誉，不做任何损害公众利益或个人利益的事情。

总结起来，作为食品工程师，他们在食品生产和加工过程中拥有相当的权利，但同时也需要履行一定的职业责任和义务。他们应保证食品的安全和卫生，诚实透明地提供信息，关注社会和环境的可持续发展，不断追求专业发展和学习，保护消费者的权益，遵守法律法规和行业准则，以及秉持高尚的职业道德和职业操守。只有在遵守这些权利和义务的前提下，食品工程师才能够更好地履行他们的工作使命，保障食品的质量和安全，为人们的健康作出贡献。

6.2.2.2 食品工程社团的伦理规范

食品工程社团是由食品工程师和相关专业人士组成的组织，旨在促进食品行业的发展和提升行业从业人员的素质。为了维护社团成员的职业操守和推动行业的健康发展，食品工程社团制定了一系列的伦理规范。这些伦理规范旨在规范社团成员的行为和职业道德，保持组织的公信力和声誉。下面将介绍一些食品工程社团的伦理规范的内容。

（1）遵循法律和法规

食品工程社团的成员应该始终遵守国家和地区的法律法规，包括食品安全法律和规定。他们不得从事任何违法活动，要积极支持相关监管机构的工作，并配合执行调查和检查。此外，他们还应该关注和研究新的法律法规，在实践中遵守和遵循这些规定。

(2) 维护职业诚信和道德

食品工程社团的成员应该保持高度的职业诚信和道德标准。他们应该遵循公平、诚实和透明的原则,在与客户、同行和其他利益相关方的交往中遵循职业行为准则。他们不应收受贿赂、行贿或参与其他不正当的行为,要保持职业独立性和客观性。

(3) 关注食品安全和公共健康

食品工程社团的成员应该将食品安全和公共健康放在首要位置。他们应该致力于推动食品安全意识的提高,不断改进和优化食品生产和加工的过程,确保食品的安全性和质量。他们还应该及时报告和处理食品安全问题,并参与相关的风险评估和应急措施实践。

(4) 保护技术知识和商业机密

食品工程社团的成员应该尊重和保护知识产权、技术知识和商业机密。他们不得盗用他人的知识和技术,保护好自己的创新成果和商业机密,不泄露给未经授权的人。他们还应该遵守行业内的保密协议和规定,确保商业交易的公正和公平。

(5) 持续学习和专业发展

食品工程社团的成员应该持续学习和提升自己的专业知识和技能。他们应该参加社团组织的培训和学术活动,与同行交流和分享经验。他们还应该关注行业的最新发展和趋势,不断更新自己的知识,以适应行业的变化和需求。

(6) 促进合作和多元性

食品工程社团的成员应该促进合作和多元性。他们应该与其他相关专业的人员和组织建立合作关系,共同推进食品行业的发展和创新。他们还应该尊重不同文化和价值观,提倡包容性和多元性,共同致力于可持续发展和社会责任的履行。

(7) 培养社会责任意识

食品工程社团的成员应该培养社会责任意识。他们应该关注社会的需求和问题,积极参与公益活动,并努力为社会作出贡献。他们可以通过提供食品安全知识培训、参与食品公共健康项目、支持有关食品援助和救灾活动等方式来履行社会责任。

(8) 维护社团声誉和形象

食品工程社团的成员应该维护社团的声誉和形象。他们应该遵循社团的章程和规章制度，不得从事任何损害社团利益和声誉的行为。在公共场合和社交媒体上，他们应该言行得体，展示高尚的职业品德和职业形象。

（9）建立良好的职业网络

食品工程社团的成员应该建立良好的职业网络。他们可以通过参加社团活动、参与行业研讨会和会议、与同行进行交流等方式来扩展自己的人脉和职业关系。这将有助于他们与其他专业人员分享经验和资源，开拓职业发展的机会。

（10）相互监督和自我约束

食品工程社团的成员应该相互监督和自我约束。他们可以通过定期交流和分享经验，共同提高职业素质和行为水平。同时，他们也应该对自己的行为进行自我评估和反思，及时纠正错误，不断提高个人的职业标准和道德水平。

食品工程社团的伦理规范的制定和执行，有助于维护社团成员的职业操守和行为准则，树立起社团的权威和信誉。这些规范不仅对社团成员的个人职业发展有指导作用，也对整个食品行业的发展和社会公众的利益具有积极影响。食品工程社团的成员应该积极遵守和贯彻这些伦理规范，为食品行业的可持续发展和社会的健康福祉贡献自己的力量。

6.2.3 食品工程伦理实践指南

食品工程是一门关键的学科和职业，涉及食品的生产、加工、质量控制等方面。在这个领域中，伦理实践是至关重要的，它对保证食品安全、保护消费者权益、维护行业声誉和推动可持续发展起着重要的作用。为此，食品工程伦理实践指南被制定出来，以指导食品工程师在职业中如何处理伦理问题，确保他们在工作中始终遵循职业道德和负责任的行为准则。

（1）食品安全和公共健康

在食品工程实践中，食品工程师应始终将食品安全和公共健康置于首位。他们应确保生产和加工过程的合规性，并采取一切必要措施以保障食品的安全性、卫生性和质量。食品工程师应积极关注和评估食品的潜在风险，并对食品安全问题及时报告和处理，以保护消费者的权益和健康。

(2) 诚实和透明

食品工程师应始终保持诚实和透明，以建立信任并提高行业的声誉。他们应提供真实、准确的信息，不得故意隐瞒重要事实或误导消费者。食品工程师应确保自己的研究和实验数据的可靠性，避免篡改和捏造数据，并在发表研究成果时遵循科学道德和学术规范。

(3) 职业责任和道德

食品工程师应认识到自己的行为对社会和环境的影响，并承担起职业责任和道德义务。他们应遵循职业操守和行为准则，并在实践中始终持守职业道德大纲。食品工程师不仅要提供高质量的产品和服务，还要积极关注社会公益事业，为社会作出贡献。

(4) 保护消费者权益

食品工程师应该保护消费者的权益，确保他们有权知悉关于食品安全和质量的信息。他们应向消费者提供准确、易于理解的食品标签和标识，使消费者能够做出知情决策。食品工程师还应积极参与消费者教育活动，提高公众对食品安全和营养的认知水平。

(5) 保护环境可持续发展

食品工程师应关注环境可持续发展，努力降低生产和加工过程对环境的影响。他们应采取措施减少废弃物和污染物的排放，并推动可持续农业和食品生产方式的发展。食品工程师还应积极参与环境保护和可持续发展倡议，为实现可持续食品系统作出努力。

(6) 尊重多样性和文化差异

食品工程师应尊重各种文化和对多样性的认同。他们应意识到在不同地区和文化背景下，食品的偏好和食物习俗会有所不同。食品工程师应根据当地文化的需求和偏好，适应和调整产品的配方和加工方式，以满足不同消费者的需求。他们应避免歧视和偏见，建立包容性的工作环境，促进团队合作和协作。

(7) 持续学习和专业发展

食品工程师应不断学习和提升自己的专业知识和技能，以适应不断发展的食品工程领域。他们应参加培训课程、研讨会和会议，与同行交流和分享经验。食品工程师还应关注行业最新的技术和趋势，不断更新自己的知识，以提供更好的产品和服务。

(8) 遵循法律和法规

食品工程师应遵守国家和地区的法律法规，包括食品安全和标准的法规要求。他们应了解并遵循相应的法律法规，确保产品的合法性和符合要求。食品工程师还应支持相关监管机构的工作，并配合执行调查和检查。

(9) 保护商业机密和知识产权

食品工程师应尊重并保护他人的商业机密和知识产权。他们应遵守保密协议和保护机密信息的相关规定，不泄露给未经授权的人。食品工程师应促进创新和知识共享，但不能侵犯他人的知识产权或盗用他人成果。

以上是食品工程伦理实践指南的一些关键内容。这些指南不仅适用于食品工程师个人的职业行为，也适用于食品工程团队和整个行业的发展。遵守伦理实践指南能够确保食品工程师在工作中遵循道德标准，保障消费者的权益和公众的健康，增加行业的可信度和声誉。同时，该指南鼓励食品工程师积极参与行业和社会的发展，推动可持续发展和创新，为食品行业的美好未来贡献力量。

6.3 食品工程职业伦理冲突和管理

6.3.1 食品工程职业伦理困境

伦理冲突是各行业都可能遇到的问题，而在食品行业也不例外，食品职业行为常与生产安全、卫生和人性化等问题相关，不当操作会危及消费者的生命与健康并且损坏企业声誉，严重时会导致企业倒闭或者被罚款。伦理冲突所涉及的问题主要包括如下几类。

6.3.1.1 食品安全问题

食品安全问题一直是引发伦理困境的重要因素之一。从食品生产到消费环节，伴随着日益严格的监管和消费者对食品安全的关注，食品行业职业人士面临着许多职业伦理困境。这些困境涵盖了道德、社会和法律责任等多个方面。

(1) 利益冲突

食品企业在追求经济利益的同时，也需要考虑食品质量和消费者健康的安全。然而，为了提高利润和竞争力，一些企业可能采取不当行为，例如使用低质原料、添加有害物质等。食品从业人员往往面临着保护消费者与保证公司利益之间的冲突。

（2）决策压力

食品安全问题的解决常需要独立的决策和行动，这需要食品从业人员在面临压力时能够保持良好的道德和职业操守。然而，由于企业经营压力和制度缺陷，食品职业人员可能面临短期利益与长期责任之间的冲突。

（3）信息公开

食品职业人员在面对食品安全问题时，需要及时、准确、诚实地向公众披露相关信息。然而，信息公开可能受到企业保密政策、商业利益等因素的限制。食品职业人员面临着如何平衡信息公开和企业保密之间的困境。

（4）教育和宣传

食品职业人员在食品安全问题中扮演着宣传和教育的角色。他们需要向公众传递准确、可信的信息，提高消费者对食品安全问题的意识和知识水平。然而，有时候企业的营销目标与公众教育之间存在冲突，这可能导致食品职业人员在宣传和教育中陷入道德困境。

（5）监管合规

食品职业人员需要遵守各种法律法规和行业准则，确保食品质量和安全符合监管要求。然而，有时候企业可能面临监管的灰色地带，例如遵守最低法定标准而不追求更高的食品安全标准，或是通过漏洞进行规避和逃避监管。食品职业人员可能面临遵守法规与企业经济利益之间的冲突。

（6）道德特权与责任

食品职业人员在进行职业活动时，拥有一定的专业知识和技能。这带来了道德特权和责任，即他们在食品安全问题上承担着更多的道德义务。但有时候，他们可能面临利用专业知识谋取私利或选择保持沉默的伦理困境。

（7）反应速度与后果承担

对于食品安全问题的及时响应和管理是至关重要的。食品职业人员需要快速采取行动，确保消费者的健康和安全。然而，这往往需要承担一定的风险和后果，包括经济损失、声誉受损等。食品职业人员可能面临在反应速度与后果承担之间做出决策的困境。

6.3.1.2 不同文化和信仰消费者的需求

不同文化和信仰的消费者将食品视为一种能满足他们生活需要和满足文化与宗教需求的载体，然而，这种多元化的需求与食品行业职业人士之间产生了一系列的职业伦理困境。这些困境包括食品的制备、生产、包装、宣传和销售等环节，并且体现在对不同文化和信仰的消费者需求的满足方面。

(1) 食品安全与文化差异

不同文化和信仰对食品安全的标准和观念可能存在差异。食品职业人员在满足消费者需求的同时，需要确保食品的安全性，但这可能与一些文化和信仰的食品习惯和观念产生冲突。例如，一些文化偏好传统的食品制作方法，这可能与现代的食品安全标准不符。食品职业人员需要平衡满足消费者需求和确保食品安全的职业伦理困境。

(2) 食品选择与宗教信仰

宗教信仰对食品选择有着重要的影响。在一些宗教信仰中，有严格的饮食规则和禁忌，例如穆斯林对于清真食品的要求、佛教对于素食的要求。食品职业人员在满足不同宗教信仰的消费者需求时，需要确保食品符合相应的宗教规定，这就需要他们面临职业伦理困境，平衡满足宗教信仰和商业利益之间的冲突。

(3) 食品标签和透明度

不同文化和信仰的消费者对于食品标签和透明度的需求可能存在差异。一些文化和信仰对于食品成分、加工方式、生产环境等有着特殊的要求，他们希望通过食品标签了解这些信息。

(4) 文化敏感和尊重

在满足不同文化和信仰的消费者需求时，食品职业人员需要保持文化敏感和尊重。不同文化有着不同的习俗、礼节和口味偏好，食品职业人员需要了解并尊重这些差异。然而，在特定情况下，满足一个文化或信仰的需求可能会违背另一个文化或信仰的需求，这就需要食品职业人员在平衡中寻求解决方案，避免对任何一方造成冒犯或歧视。

(5) 虚假宣传和欺诈

不同文化和信仰的消费者容易受到虚假宣传和欺诈的影响。有些食品企业可能会利用文化和信仰的观念，对产品进行夸大宣传或虚假标注，从而吸引消费者。食品职业人员需要在面临这种情况时，保持道德操守，遵循职业伦理，确保商品信息的真实性和透明度，以保护消费者的权益。

(6) 食品浪费和资源利用

不同文化和信仰的消费者对于食物的浪费和资源利用也存在不同的态度和观念。有些文化强调节约和合理利用食物资源，而有些文化可能会更加注重享受和丰富的饮食。食品职业人员需要平衡满足不同消费者的需求，同时也需要关注食物浪费和资源利用的职业伦理困境，促进可持续性发展。

6.3.1.3 性别歧视的食品职业伦理困境

在食品职业中，性别歧视表现为女性在工作机会、权利和工作条件方面受到不公平对待。一些女性在得到平等机会和平等待遇的过程中面临各种职业伦理困境，这些问题包括如下几类。

(1) 明码标价的职业收入差距

食品职业中存在一定的薪资收入差距，其中的主要原因之一是性别歧视。从长远来看，女性的薪资水平相对较低，这将导致她们经济上依赖，这也是一种职业伦理困境。

(2) 升职机会有限

在食品职业中，女性通常很难晋升到高层管理职位，缺乏职业发展机会和平等的权利和权威。这也会导致性别歧视和职业伦理问题的产生。

(3) 双重标准

女性在工作场所经常面临双重标准。在一些食品行业，女性工作者不仅要承担家庭和家务负担，还要承受工作上的双重标准，如年龄、服装和形象等。

(4) 性骚扰

在食品行业，女性工作者有时会遭受性骚扰和性别歧视。这不仅会造成心理和情感上的痛苦，也可能会导致其缺乏信任感、人际沟通能力和发展机会，这也是一种职业伦理困境。

6.3.1.4 职场歧视问题

性别和种族歧视是一些行业面临的严重问题，食品职业也不例外。尽管在过去的几十年中，社会已经取得了一些进步，努力打破性别和种族歧视，但是，它们在食品职业中仍然存在，并呈现出职业伦理问题，促使我们认识到还有很多问题需要解决。

在食品行业中，少数族裔有时会遭受同事或老板的歧视。这不仅会造成心理和情感上的痛苦，也可能会导致其缺乏信任感、人际沟通能力、发展机会，以及因此造成复杂的职业伦理问题。

6.3.2 食品职业行为中伦理冲突的应对措施

食品行业作为一个复杂的行业，常常会涉及各种伦理冲突，如食品质量安全、环境保护、劳工权益等方面。这些伦理冲突对于食品企业和从业人员来说都是一种挑战，同时也是一个提升行业形象和可持续发展的重要机会。

（1）建立明确的伦理准则

为了应对食品职业行为中的伦理冲突，食品企业应建立明确的伦理准则和行为规范，对从业人员进行培训，强调道德和职业守则的重要性。这些准则应囊括食品质量安全、环境保护、劳工权益等方面，并与当地法律法规保持一致。明确的准则能够为从业人员提供明确的行为指导，并增强企业对伦理冲突的敏感性。

（2）加强监管和内部控制

食品企业应加强对生产流程的监管和内部控制，确保符合法律法规和行业标准。这包括建立标准操作程序（SOPs）和质量管理体系（QMS），并进行定期审核和培训，确保从业人员明确各项政策的要求。通过加强监管和内部控制，可以减少机会主义和不道德行为的发生，并及时发现和纠正伦理冲突。

（3）注重员工培训和意识提升

食品企业应投入更多资源进行员工培训和意识提升，增强从业人员对伦理冲突的敏感性和应对能力。这包括邀请专业人士进行培训、提供实际案例及进行内部研讨会等形式，通过教育和启发，提升从业人员的职业道德和意识水平。此外，企业应鼓励员工积极参与行业研讨、培训班和学术交流活动，不断学习和更新相关知识。

(4) 建立透明沟通渠道

食品企业应建立透明的沟通渠道,鼓励员工提出疑虑和问题,及时反馈和解答。这可以有效地增强员工的参与感和归属感,促进员工与企业之间的良好合作。同时,建立匿名举报机制,让员工可以安全地举报违反伦理准则的行为,保护员工的权益和利益。

(5) 积极参与社会责任活动

食品企业应积极参与社会责任活动,关注公众利益,回馈社会。这包括参与食品安全宣传活动、支持环境保护项目、关心劳工权益等。通过积极的社会责任行动,企业可以树立良好的形象,提升企业声誉,并获得公众的认可和支持。

(6) 建立合作伙伴关系

食品企业可以与利益相关者建立合作伙伴关系,包括业内协会、监管机构、学术机构及消费者组织等。通过与这些机构合作,企业可以获取更多的行业信息和最佳实践,及时获取行业最新动态和趋势。同时,合作伙伴关系还可以通过促进信息共享、经验交流和合作解决伦理冲突的问题,共同推动行业的可持续发展。

(7) 建立奖惩制度

食品企业应建立明确的奖惩制度,激励优秀行为,惩罚违反伦理准则的行为。通过奖惩制度,企业可以树立明确的价值观和行为标准,同时鼓励从业人员积极参与伦理冲突的解决和预防。奖惩制度的建立应公正、透明,并与企业的价值观和长期发展目标保持一致。

(8) 不断改进和完善

应对食品职业行为中的伦理冲突是一个长期的过程,食品企业需要不断改进和完善自身的管理机制和措施。这包括定期评估和监测伦理冲突的发生情况,及时调整管理策略和措施,以保持与时俱进。同时,企业应积极接受公众和利益相关者的监督和评价,以提高企业的透明度和责任感。

应对食品职业行为中的伦理冲突需要食品企业采取一系列的措施和方法,包括建立明确的伦理准则、加强监管和内部控制、注重员工培训和意识提升、建立透明的沟通渠道、积极参与社会责任活动、建立合作伙伴关系、建立奖惩制度及不断改进和完善等。只有持续地努力和改进，食品企业才能更好地应对伦理冲突，提升行业形象，实现可持续发展的目标。

本章小结与建议

职业伦理是食品工程教育应该高度重视的问题。在本章中，我们通过探讨食品工程职业中可能面临的伦理问题，以及解决这些问题的建议和方法，来加深对职业伦理的理解。

在食品工程领域，我们面临众多伦理问题，其中包括食品安全、质量控制、可持续发展等方面。首先，食品安全是我们职业伦理中最重要的问题之一。我们必须确保生产的食品安全无害，并符合相关法律法规和标准。同时，应该积极回应公众关切，增强食品安全意识，加强食品检测和监管，以确保消费者的健康和权益。

其次，质量控制是食品工程中另一个重要的伦理问题。我们应该始终追求优质和可靠的产品，确保食品按照标准生产，不使用虚假或不合规的原料和工艺。在质量控制方面，我们应该秉持诚信原则，严格遵守职业规范和行业道德，保证产品的质量和信誉。

可持续发展也是食品工程的职业伦理关注的重点之一。我们应该关注环境保护、资源利用和社会责任等方面。为了减少环境负担，我们应该推动可持续生产和消费模式的发展，减少资源的浪费。同时，我们应该承担社会责任，关注社会公益事业，积极回馈社会。

总之，食品工程职业伦理的重要性不可忽视。我们应该关注食品安全、质量控制和可持续发展等伦理问题，并通过建立行业规范、加强与消费者和监管机构的合作，不断提升自身的职业素质和伦理水平，为行业的良性发展和社会的健康作出贡献。

参考文献

[1] 陈新宇. 法律人的道德性：职业伦理案例选集 [M]. 北京：光明日报出版社，2024.

[2] 大卫·马滕斯.数据科学伦理：概念、技术和警世故事[M].张玉亮,单娜娜译.北京：中国科学技术出版社,2024.

[3] 曹顺仙.水伦理的生态哲学基础研究[M].北京：人民出版社,2018.

[4] 世界卫生组织（WHO）.涉及人的健康相关研究国际伦理准则：2016版/国际医学科学组织理事会（CIOMS）[M].朱伟译.上海：上海交通大学出版社,2019.

[5] 黄儒强,黄继红.食品伦理学[M].北京：科学出版社,2018.

参考案例

参考案例1　食品欺诈案例

在某食品加工企业中，负责研发的食品工程师故意添加了不符合标准的原料，并以假冒伪劣的产品出售。这种行为不仅违反了食品安全和质量控制的伦理原则，也伤害了消费者的权益和信任。该企业员工应该拥有正确的职业伦理意识，坚守诚信原则，确保产品的质量和安全，维护消费者的权益。

参考案例2　环境污染案例

一家食品加工企业为了提高生产效率，选择了一种高污染的工艺，导致大量废水和废气排放。这种行为严重违反了可持续发展和环境保护的伦理要求。食品工程师应该考虑到整个生产过程对环境的影响，选择更环保的工艺和材料，并积极推动实施企业的环境保护措施。

参考案例3　科研不端案例

一位食品工程师在科研中故意篡改数据，为了追求研究成果的突出和个人的荣誉而违背了科学道德。这种行为严重违反了学术诚信和职业道德。食品工程师应该保持科学严谨、诚实守信的研究精神，确保科研工作的真实性和可信度，促进学术和行业的健康发展。

 思考与讨论

1. 食品工程师在产品开发和创新中如何平衡食品安全和满足消费者需求的挑战？有哪些措施既可以确保产品的质量和安全性，又能满足消费者对新品种和口味的需求？

2. 在食品制造过程中，如何确保食品生产的可持续性？食品工程师应该如何考虑和应对资源利用、废弃物处理和环境保护等问题，以促进食品行业的可持续发展？

3. 食品标签和广告的真实性与诚信问题一直备受关注。食品工程师如何确保产品的标签和广告信息准确、不夸大，以避免误导消费者？应该有哪些措施来监管和制约不诚信的行为？

4. 食品工程师在产品研发和设计中如何考虑特定人群的营养需求？应该采取哪些措施来开发满足特殊人群需求的食品，如儿童、老年人或者患有特定疾病的人群？

5. 在食品生产过程中，如何确保社会公正和员工权益？食品工程师应该如何参与和推动企业的社会责任，确保员工的安全和福利，促进产业的公平和可持续发展？

7 食品工程创新的伦理

引言

随着科技的进步和食品工程技术的不断发展,人们对食品生产、加工和消费的方式提出了更高的要求。然而,食品工程创新不仅仅涉及技术创新,还需要考虑到伦理和道德的问题。因此,食品工程创新与伦理之间存在紧密的关联。在推动食品工程技术创新的同时,我们也应该更加关注伦理考量,保证食品工程创新的可持续发展和社会责任。只有在伦理的引导下,食品工程创新才能真正为人类带来福祉和可持续的未来。

7.1 食品工程创新的基本概念

7.1.1 食品工程创新的背景

食品工程是以物理、化学、生物学、机械学、运筹学和计算机学等为基础,研究和应用科学技术原理,以实现工厂化生产的食品加工过程优化和质量控制的学科。在食品工程的研究和应用中,创新技术不断涌现,极大地推动了食品工业的发展。

(1) 消费者需求不断升级

随着社会经济的发展和生活水平的提高,人们对食品的需求变得越来越多样化、个性化和品质化。人们在购买食品时，更加注重其安全、健康、营养、便捷和品质等方面的需求。

（2）食品安全形势严峻

随着人口的增长和城市化的加速推进，食品安全化学、生物和物理安全问题引起了国内外广泛的关注，如"瘦肉精""农药残留""霉菌毒素""转基因"等问题。这些问题对食品工业提出了更高的要求。

（3）新型生产技术的出现

微生物学、生物技术、近红外光谱分析、食品透射电子显微分析、计算机模拟和超声波等新型技术的引入和应用，给传统的食品加工技术注入了新的生命力，极大地推动了食品工业的发展。

7.1.2 食品工程创新的挑战与展望

7.1.2.1 食品工程创新的挑战

食品工程创新面临着一系列的挑战，需要应对和解决。

（1）技术安全性和有效性挑战

任何技术都需要保证其安全性和有效性。尤其是新兴的技术需要经过严谨的科学验证和安全评估，避免在应用过程中带来潜在的健康隐患和环境问题。

（2）创新成本和效果挑战

食品工程创新需要投入大量的研发和生产成本，而其效益和收益还需要长时间的观察和统计。对于一些新兴技术，其成本昂贵且未达到量产阶段，使其应用推广的过程更加缓慢。

（3）消费者认知和接受度挑战

随着人们对食品安全和品质的要求持续提高，消费者往往对新型食品难以接受。一些新技术不符合现时一般的食品习惯，可能需要耗费大量时间来解决消费者的接受度和心理问题。

（4）政策的制约和限制性挑战

政策和法规是新兴技术应用的重要影响因素。在食品工程创新过程中，政策和法规的限制和约束往往会影响创新技术的行之有效，对产业的发展造成很大的影响。

7.1.2.2 食品工程创新的发展方向

(1) 安全与保鲜技术创新

消费者对食品安全和保鲜的需求日益增加，食品工业需要创新与生产一批高品质、低危害、保鲜性好的食品。

(2) 高效节能技术创新

随着全球能源的紧缺和气候变暖的加剧，食品加工工业也需要通过创新技术来实现更加高效的能源使用和减少对环境的污染。在这个方向上，酶法转化技术、微波加热技术等技术已经得到应用和推广。

(3) 新型加工技术创新

随着生产工艺和生产设备的不断改进，食品工程技术发展到了一个新阶段。冷冻处理、超声波、等离子技术、超高压和脉冲技术、聚合物加工及膜法分离工艺以及人工智能等技术也将成为食品工程中的重要方向。

(4) 保护与可持续发展技术创新

随着人们对环境保护和可持续发展的重视，食品工程创新的方向也逐渐向着生态和环保方向发展。例如生物质碳水化合物转换技术、资源循环化技术、生态适应性农业系统等都涉及生态和环保方向的创新技术。

(5) 运营管理智能化技术创新

食品工业需要提高生产效率，优化经营管理，同时降低成本。随着技术创新和数字化进程的快速推进，信息化管理技术的应用成了食品工程创新的重要方向，这包括供应链管理、生产调度、数据分析和市场营销等方面的应用。

7.1.3 食品工程创新的社会经济意义

食品工程创新在现代社会中具有重要的意义，它对食品产业和人类社会的发展都起到了积极的作用。以下将详细介绍食品工程创新的意义。

(1) 满足消费者需求

食品工程创新能够不断推出新的食品产品和技术，满足消费者对食品的多样化需求。通过创新研发，可以开发出更加安全、健康、营养丰富、方便快捷的食品，满足现代快节奏生活中消费者对食品便利性和多样性的需求。

例如，人造肉、植物基食品、功能性食品等新型食品产品的研发与应用，为消费者提供了更多的素食选择和替代肉类的可能性。同时，通过利用先进的食品工程技术，可以提取和开发更多的天然活性成分，如抗氧化剂、保健元素等，为消费者提供更加健康和营养丰富的食品选择。

(2) 提高食品安全性和质量

食品安全和质量一直是消费者关注的焦点，食品工程创新能够提供解决方案，提高食品的安全性和质量。通过创新的食品加工技术和设备，可以有效控制食品中的有害物质和微生物污染，确保食品的安全性。

另外，食品工程创新也能够提高食品的质量和口感。通过创新加工工艺和包装技术，可以延长食品的保鲜期，减少食品的营养流失和品质的变化，提供给消费者更加新鲜、口感更佳的食品产品。

(3) 促进食品产业发展

食品工程创新对食品产业的发展起到了重要的推动作用。创新技术的应用可以提高生产效率和降低成本，改善食品加工和生产的效益。通过引入先进的设备和自动化系统，可以提高生产线的产能和运作效率，实现规模化生产和高效能力的提升。

此外，食品工程创新还能够创造更多的就业岗位和经济增长点。从食品研发到生产销售，都需要相关人员进行技术支持和管理，促进了相关行业的发展和就业机会的增加。

(4) 推动可持续发展

食品工程创新与可持续发展紧密相关，通过创新技术和策略，可以推动食品产业朝着可持续性方向发展。例如，创新的食品加工技术可以减少资源消耗和环境污染，实现资源的高效利用和对环境的保护。通过推广循环经济和绿色生产理念，减少食品生产中的废弃物和碳排放，降低对环境的负面影响。

(5) 解决全球食品安全问题

食品工程创新对解决全球食品安全问题具有重要意义。世界人口的增长和资源有限性，使得食品安全成为全球关注的问题。通过食品工程创新，减少损耗和浪费，解决全球饥饿问题。

创新的储存和运输技术，可以保障食品在存储和运输过程中的安全和品质，减少食品损耗和质量变化。此外，传感器技术和数据分析的应用，可以实时监测食品的质量和安全状况，从而预警和解决潜在的问题。

(6) 推动科学研究与教育发展

食品工程创新的不断推动，也促进了相关科学研究和教育机构的发展。在新兴技术领域的研究中，需要有更多的专家和研究人员进行深入的探索和实践。食品工程创新的需求和挑战，为科研机构和高校提供了更多的研究题材和合作机会。

同时，食品工程创新也推动了相关学科专业的教育发展。在食品工程、食品科学、食品安全等专业领域，新的技术和知识不断涌现，需要培养更多的专业人才。食品工程创新的推动，为教育机构提供了更新教材和课程的机会，促进了教育内容的优化和专业人才的培养。

总之，食品工程创新在满足消费者需求、提高食品安全性与质量、促进食品产业发展、推动可持续发展、解决全球食品安全问题以及推动科学研究与教育发展等方面都具有重要意义。通过不断地创新和应用，可以推动食品工业向更加安全、健康、环保和可持续的方向发展，造福人类社会。

7.2 食品工程创新的伦理风险和管理

7.2.1 食品工程创新伦理的原则

食品工程创新是一个不断发展和创新的领域，如何在创新的同时体现伦理原则是一个值得注意的问题。本节将探讨食品工程创新的伦理原则。

(1) 食品安全是首要原则

食品安全是食品工程创新的首要原则。食品工程创新需要确保产品的安全和品质，以保障消费者的身体健康。新材料、新工艺和新技术的应用需要经过严格的食品安全评估和审批，确保不会对人体健康产生危害。

此外，在食品工程创新的过程中，需要尽可能减少对环境的影响，不得违反环保伦理原则。

(2) 公平公正的原则

食品生产需要遵循公平公正的原则。在食品工程创新的过程中，不能碾压弱势群体的权益，不能利用科技和市场规则来谋取不正当的经济利益。

同时，食品工程创新的成果也需要公正合理地分配。不得将创新成果掌握在少数人的手中或独占创新成果所带来的经济利益，应该充分考虑行业和社会的利益。

（3）倡导可持续发展

可持续发展是食品工程创新伦理原则的重要部分。食品工程创新必须保证资源的可持续利用和环境的可持续保护。

为了促进可持续发展，食品工程创新应当注意节能减排、循环经济、环保技术等环保措施的推广应用。同时，在产品的设计和开发过程中，要充分考虑资源利用效率和循环经济利用。

（4）尊重知情同意权

食品工程创新需要尊重消费者的知情同意权。提示消费者产品与实际包装有所不一的信息将会对产品质量和标签产生误导，从而产生各类的消费风险。因此，创新的技术和产品应当被明确说明对于消费者有害和有益的方面。

同时，食品工程创新应当依法依规，享受权益，保障消费者的知情权、自主选择权和其他合法权利。

（5）关注社会责任

食品工程创新应当关注社会责任问题。企业需要接受当地的社会经济发展相关法规的监管，不得盲目地将创新的技术和产品引入企业生产，避免给消费者带来安全风险。

同时，企业还应当在生产过程中注意员工的健康和安全，充分保护消费者和员工的权益和利益。

（6）推动可持续经济和社会发展

食品工程创新应当推动可持续经济和社会发展。食品工程创新需要面临减排、环保、健康营养等方面的挑战，促进可持续发展和可持续生活方式的推广。

在创新产品的宣传和销售过程中，应当突出环保和健康营养的重要性，引导消费者树立可持续消费的意识，选择符合可持续发展原则的食品产品。

（7）保护消费者权益

食品工程创新应当保护消费者的权益。企业需要提供真实、准确的产品信息，不得误导消费者。产品的标签和包装应当清晰明了，以便消费者可以做出明智的购买决策。

此外，食品工程创新还应当充分考虑消费者的意见和需求，积极回应和解决消费者的投诉和反馈，并保障消费者的合法权益和利益。

(8) 创新研究的透明度和可追溯性

食品工程创新的研究过程应当具备透明度和可追溯性。研究人员应当公开他们的研究方法、数据、结果等信息，接受同行的评审和验证，以确保科学的可靠性和透明度。

此外，食品工程创新的成果和产品也应当具备可追溯性，消费者应当能够追溯食品的来源、加工过程和生产环境等关键信息，以保障产品的质量和安全。

(9) 长期利益与短期利益的平衡

食品工程创新需要平衡长期利益与短期利益。虽然创新可能会带来短期的经济利益，但不可忽视的是，创新也可能带来潜在的风险和不可预见的后果。

在食品工程创新的决策过程中，需综合考虑短期和长期的经济、社会和环境影响，权衡风险和利益，以确保创新的可持续性和可靠性。

总结起来，食品工程创新应当基于食品安全、公平公正、可持续发展、知情同意权、社会责任、可追溯性、保护消费者权益、透明度、长期利益与短期利益的平衡等伦理原则。这些原则将有助于确保食品工程创新的质量、安全、可持续性和社会责任，从而为消费者和社会带来更多福祉。

7.2.2 食品工程创新伦理的风险

食品工程创新是在满足消费者需求的同时，推动食品产业向更加安全、健康、环保和可持续的方向发展。创新的同时也伴随着风险，食品工程创新的伦理风险主要包括以下几种。

(1) 食品安全风险

食品安全是食品工程创新的首要原则，而任何的创新都伴随着潜在的食品安全风险。新材料、新工艺和新技术的应用，虽然有助于提高产品的质量或产量，但也可能对食品的安全产生潜在危害。这就需要对创新技术进行食品安全评估和审批，确保不会对人体健康产生危害。

(2) 道德伦理风险

食品工程创新需要遵循公平公正的原则，不得违反法律法规和道德伦理规范。在创新的过程中,可能涉及数据隐私、知情同意等方面的问题,需要考虑伦理和道德标准,确保创新不会破坏个体或集体的权益。

(3) 环境风险

食品工程创新需要满足环保伦理原则,需要考虑对环境的影响。在产业链上的各个环节,都需要尽可能做到节能减排,减少对环境的污染和对资源的浪费。一旦创新过程中有破坏生态系统或者影响环境的行为,就可能破坏可持续发展承载的环境,甚至引起未来环境危机。

(4) 社会责任风险

食品工程创新需要遵循社会责任原则,注重企业的社会责任和公共利益。企业还应当在生产过程中注意员工的健康和安全,充分保护消费者和员工的权益和利益,不得恶意竞争,不得违反反垄断、反不正当竞争等相关法规。

(5) 信息披露风险

食品工程创新需要注重信息透明度和信任,这也是保护消费者权益的重要环节。在设计产品的标签和包装等信息披露环节,需要充分开放信息,避免误导和短视行为。

(6) 法律风险

食品工程创新需要遵守相关法律法规和政策,否则就可能涉及法律纠纷风险。在食品生产、加工、存储和销售的过程中,需要严格遵循国家的各项法律法规和标准,以避免涉及法律风险。

(7) 舆情风险

食品工程创新成果和产品的推广和宣传,需要尊重不同文化背景和心理需求,介绍食品工程创新的优点和改进之处,引导消费者适当消费,平衡各方关切,减少舆论风险。

总之,伦理风险是食品工程创新过程中不可忽视的问题。食品工程创新需要对伦理风险有敏锐的意识,并采取相应的措施和策略来应对这些风险。

7.2.3 食品工程创新伦理冲突的应对

(1) 应对食品工程创新伦理冲突的原则

对于食品安全风险,可以建立完善的食品安全评估和监管体系,确保新的材料、工艺和技术经过充分的测试和评估后才能应用于食品生产过程。此外，加强食品安全教育和培训，提高从业人员的安全意识和质量管理能力，从源头上保障食品的安全。

针对道德伦理风险，可以加强伦理评估机制和监管措施，确保食品工程创新符合道德和伦理规范。同时，建立伦理委员会或专家团队，对食品工程创新项目进行评估和监督，确保其在符合法律、道德和伦理的范围内进行。

对于环境风险，可以采用清洁生产技术和循环经济理念，优化生产过程，减少污染物的排放和能源的消耗。同时，加强环境监测和评估，及时发现和解决潜在的环境问题。

在社会责任方面，企业需要树立社会责任意识，积极履行企业的社会责任，不仅关注自身的经济利益，还要注重社会的整体利益，与利益相关方进行积极合作，确保创新的同时造福社会。

针对信息披露风险，企业应该加强产品信息披露和宣传的透明度，确保产品标签和广告真实准确，避免误导消费者。同时，加强与消费者之间的双向沟通和互动，倾听消费者的反馈和建议，及时纠正和改进。

在法律风险方面，企业要遵守相关法律法规和政策，建立健全的法律风险管理体系，加强对法律风险的预防和防范，定期进行法律合规性审核和评估，确保创新活动的合法性和合规性。

针对舆情风险，企业应该进行全面而周密的风险沟通和管理，建立快速反应机制，及时回应各类负面舆情，并主动与各方进行沟通和协商，确保公众对食品工程创新有正面的认知和评价。

最后，为了降低食品工程创新伦理风险，还需要加强监管部门的监督和管理，及时发现和处理违法违规行为，确保食品工程创新在规范的环境下推进。同时，也需要加强消费者教育和权益保护，增强消费者对伦理风险的辨识能力，为消费者提供更安全、健康和可持续的食品产品。

（2）应对食品工程创新伦理冲突的方法

应对食品工程创新伦理冲突是确保创新过程和结果符合伦理规范的重要任务。以下是一些应对食品工程创新伦理冲突的方法。

① 加强伦理评估和审查：在食品工程创新之前，进行有针对性的伦理评估和审查是必要的。建立专门的伦理委员会或者专家团队，负责对创新项目进

行伦理评估，对可能涉及的伦理冲突进行辨识和分析，确保创新活动符合伦理规范。

② 强化伦理意识教育：通过培训和教育活动，加强从业人员对伦理问题的认识和理解。提供伦理案例分析和讨论，引导从业人员思考伦理冲突的可能性和解决方案，培养其遵守伦理规范的能力和意识。

③ 增加参与者的知情同意权：在食品工程创新项目中，确保参与者充分了解项目的目的、方法、风险和效益，并在知情同意的基础上参与其中。特别是在人体试验和动物实验等方面，更要严格遵守伦理规范，确保参与者的权益和安全。

④ 引入多方利益相关者的意见：考虑到不同利益相关者的需求和关切，在制定食品工程创新政策和规范时，应广泛听取和汇集各方意见。包括消费者、生产者、环保组织、公众利益组织等，使决策更加全面和民主化。

⑤ 加强透明度和信息披露：对新产品的研发过程、安全测试和风险评估等进行全面、准确、透明的信息披露，让利益相关者和消费者了解产品的安全性和可信度。同时，建立独立的第三方监督机构，对创新项目的过程和结果进行评估和监督。

⑥ 推动自律行为和行业准则：行业组织和企业应建立行业自律准则，明确创新的伦理要求和道德底线。落实道德约束和监督机制，加强对行业成员的自律约束和违规处罚，从而推动整个行业的伦理行为合法合规。

⑦ 鼓励开放合作和共享经验：不同的团队和研发机构之间应建立合作机制，共享经验和数据。通过开放和合作，减少重复研究，提高研究的质量和效率，同时也能够共同面对伦理冲突和提出解决方案。

⑧ 拓宽食品工程创新的公众参与：鼓励公众参与食品工程创新的决策和评估过程，提供公众参与的渠道和机会，听取公众的意见和建议。通过开展公众参与活动，建立公众咨询机制，减少信息不对称，增强公众对食品工程创新的认识和信任。

⑨ 建立伦理监督和追责制度：对于违反伦理规范的行为，建立相应的监督和追责机制，并进行严肃处理。对严重违规的个人或机构，可以采取法律手段追究责任，以维护伦理和法律的尊严。

⑩ 加强跨国合作和国际标准：伦理问题常常跨越国家界限，需要通过跨

国合作和国际标准来解决。加强国际合作，共同研究和制定伦理准则和标准，形成统一的伦理框架和指导原则，促进全球食品工程创新的可持续发展。

⑪ 持续监测和评估：对食品工程创新的伦理冲突和解决方法进行持续监测和评估，及时发现和解决问题。通过跟踪研究和案例分析，不断改进伦理冲突应对策略和机制，保持对食品工程创新伦理问题的敏感度和警觉性。

以上是一些应对食品工程创新伦理冲突的方法，它们可以在不同层面和环节上起到促进创新同时遵循伦理价值的作用。然而，伦理冲突是复杂而多样化的，解决它们需要不同利益相关者的共同努力和持续改进。因此，建议相关机构和各方利益相关者开展深入对话和合作，找到更好的解决方案，为食品工程创新的可持续发展创造更加良好的环境和条件。

7.3 新技术与新产品推广的伦理评估与管理

7.3.1 新技术推广的伦理评估与管理

食品工程新技术的推广是促进食品生产和供应链发展的重要方式。然而，在推广新技术的过程中，需要进行伦理评估和管理，以确保其符合伦理规范和社会期望。以下是关于食品工程新技术推广的伦理评估与管理的一些相关内容。

（1）伦理评估的重要性

食品工程新技术的推广可能涉及生物安全、环境影响、社会公正等伦理问题。伦理评估的目的是对新技术的可能伦理风险进行全面分析和评估，并提出相应的管理措施和策略。只有经过有效的伦理评估，食品工程新技术的推广才能获得公众和利益相关者的认可与信任。

（2）伦理评估的内容

伦理评估应包括以下内容。

生物安全评估：新技术是否会引入或增加对人体健康和环境的潜在风险？

社会公正评估：新技术的推广是否会引起社会不平等和公正性问题？

环境影响评估：新技术的推广是否会对生态环境产生不可逆转的影响？

经济影响评估：新技术的推广是否会对相关产业和就业产生影响？

伦理原则评估：新技术的推广是否符合伦理原则，如尊重个体自主权、公众参与、公平分配等。

（3）制定伦理管理措施

根据伦理评估的结果，制定相应的伦理管理措施是必要的。这些措施可以包括以下内容。

监管措施：依据法律法规建立相应的监管体系，对新技术的推广进行监管和审核。

安全规范：制定安全操作规程和标准，确保新技术的应用过程符合安全要求。

伦理指南：制定伦理指南和规范，明确新技术推广的伦理要求和道德底线。

培训与教育：加强相关从业人员的培训与教育，提高他们对伦理问题的认识和管理能力。

公众参与：促进公众参与新技术推广的决策和评估过程，充分尊重公众的声音和权益。

（4）信息披露与公众沟通

食品工程新技术的推广需要进行全面、准确、透明的信息披露和公众沟通。这包括如下内容。

信息披露：提供新技术的相关信息，包括技术原理、安全性评估、风险控制措施等，供公众和利益相关者了解和参考。

公众沟通：与公众和利益相关者进行及时、双向的沟通，倾听他们的关切和意见，回应他们的疑虑和问题。

（5）监测与评估

食品工程新技术的推广过程应进行持续的监测和评估。通过监测和评估，可以及时发现新技术推广中的伦理问题和风险，采取相应的调整和改进措施。同时，还可以通过监测与评估了解新技术推广的效果和社会影响，为制订更好的伦理管理策略提供依据。

（6）建立独立的伦理评估机构

为增加信任度和独立性，建议建立独立的伦理评估机构，负责对食品工程新技术的推广进行评估和监督。该机构应由具备伦理背景和专业知识的专家组成，独立于利益相关者的影响，以确保评估的客观性和公正性。

(7) 国际合作与经验交流

食品工程新技术的伦理评估与管理是一个全球性的问题，需要国际合作与经验交流。各国可以分享伦理评估和管理的经验和教训，共同制定伦理准则和指南，加强对新技术推广的监督和管理。

(8) 遵守伦理原则

食品工程新技术的推广应遵守伦理原则，如尊重个体自主权、保护公众利益、尊重生态环境等。伦理原则应成为新技术推广的基本要求和行为准则，指导各方合作并确保新技术的可持续发展。

(9) 长期监测与评估

食品工程新技术的推广是一个持续的过程，其伦理评估与管理需要长期跟踪和监测。随着新技术的发展与应用，可能出现新的伦理问题和挑战，需要及时进行评估和管理。只有通过长期监测与评估，才能保持对食品工程新技术推广的伦理风险的高度警觉性和敏感性。

总之，食品工程新技术的推广需要进行伦理评估与管理，以确保其对人类、环境和社会的影响符合伦理规范和社会价值。通过采取适当的伦理管理措施，加强信息披露与公众参与，建立独立的伦理评估机构，并进行持续的监测与评估，可以促进食品工程新技术的可持续发展并保障公众的权益和利益。同时，国际合作与经验交流也是重要的一环，有助于提高伦理评估与管理的水平和效果。

7.3.2 新产品推广的伦理评估与管理

7.3.2.1 食品工程新产品的伦理评估

食品工程是一个日益发展的领域，不断涌现出新技术和新产品。在推广新产品时，伦理评估和管理非常重要，以确保产品的安全性、可持续性和社会影响的合理性。下面是关于食品工程新产品推广的伦理评估的一些主要考虑因素。

① 安全性评估：在推广新产品之前，必须对其安全性进行充分评估。这包括分析产品制造和加工过程中的风险，确保符合食品安全标准和法规要求。

此外，还需要评估产品可能对人类健康和环境造成的任何潜在风险，并采取适当的措施来减轻这些风险。

② 可持续性评估：新产品的推广应考虑其对环境的影响。这包括分析产品的生命周期，以及从原材料获取到废弃物处理的整个过程。优先选择环境友好型的原材料和生产方法，减少资源消耗和废弃物的产生。此外，还应考虑新产品对气候变化和生态系统的潜在影响，并提供合理的解决方案。

③ 社会责任评估：考虑到新产品推广可能对消费者和社会产生的影响，伦理评估应该包括社会责任方面的因素。这包括评估产品对消费者健康、饮食习惯和生活方式的影响。如果新产品有潜在的不良影响，应采取适当的措施来提供食品健康教育和警示标签等信息。

④ 透明度和消费者参与：伦理评估还应该充分考虑产品的透明度和消费者参与。消费者应该获得关于产品成分、营养价值、生产过程等方面的准确和全面的信息。此外，消费者对新产品的参与和反馈也应该得到重视，以确保其权益得到保护。

⑤ 遵守道德和法律的要求：在新产品推广过程中，必须遵守道德伦理原则和相关法律法规。确保产品宣传和推广活动的真实性和准确性，不误导消费者。此外，还应遵守知识产权法律，保护知识产权的权益。

7.3.2.2 食品工程新产品推广时的管理建议

① 建立明确的伦理原则和政策：食品企业应该制定和实施明确的伦理原则和政策，以指导新产品推广活动。这些原则和政策应涵盖食品安全、可持续性、社会责任等方面的内容，并严格执行。

② 风险管理和监控：建立有效的风险管理和监控系统，定期评估产品相关的风险，并采取相应的预防和控制措施。监控产品的制造和加工过程，确保符合标准和法规，并及时处理任何问题。

③ 合作与合规：与监管机构、消费者组织和其他利益相关者合作，确保在新产品推广中遵守相关的法律和法规。

④ 教育和培训：为员工提供必要的教育和培训，使其了解伦理原则和推广策略，以及食品安全和可持续性的重要性。提高员工的意识，并确保他们能够正确地执行伦理政策和实践。

⑤ 建立信任：积极与消费者和利益相关者进行沟通，建立互信关系。提供准确和透明的信息，回应消费者的关切和反馈，以建立品牌声誉和忠诚度。

⑥ 定期评估和改进：定期评估新产品推广的伦理实践，并根据评估结果进行改进。及时修正过程中的不当行为，改进产品的安全性和可持续性，并制定新的伦理原则和策略。

综上所述，食品工程新产品推广的伦理评估与管理是确保产品的安全性、可持续性和社会责任的重要环节。通过建立明确的伦理原则和政策，风险管理和监控，合作与合规，教育和培训，建立信任以及定期评估和改进，食品企业可以确保其新产品推广的伦理可行性和负责任性。这将有助于维护消费者的权益，并为食品工程领域的可持续发展作出贡献。

本章小结与建议

食品工程创新是食品工业发展的重要推动力之一，然而，与此同时也涉及伦理问题。在本章中，我们探讨了食品工程创新的伦理挑战，主要涉及食品安全、消费者欺骗、公平竞争和社会责任等方面，并提出了相关建议，以确保创新的道德性与可持续性。

首先，食品工程创新必须始终以食品安全为前提。我们应该确保新产品、新原料和新工艺对消费者的健康和安全没有任何危害。食品工程师在创新过程中必须坚守职业伦理，遵守法律法规和行业标准，从源头上确保食品的质量和安全。

其次，食品工程创新应该避免欺骗消费者和虚假宣传。我们应该提供准确、真实和清晰的产品信息，避免夸大宣传和虚假标签。食品工程师应该保持诚信，以消费者的权益和利益为出发点，遵循伦理准则，积极维护食品行业的信誉和声誉。

公平竞争也是食品工程创新中的一个重要伦理问题。创新给企业和个人带来巨大的竞争优势，然而，我们应该确保竞争环境的公平和公正。食品工程师应该遵循竞争规则和行业准则，不采用不正当手段获得竞争优势，维护公平竞争的伦理原则。

同时，食品工程创新应该关注社会责任和可持续发展。我们应该考虑创新对环境和社会的影响，努力减少资源消耗、废弃物产生和环境污染。食品工程师应该推动可持续发展，推动创新与可持续发展相结合，为社会作出积极的贡献。

为了解决食品工程创新的伦理问题，我们应该采取以下建议和方法。首先，加强伦理教育和培训，提高食品工程师的伦理意识和道德水平。其次，建立和遵守行业的伦理准则和道德规范，明确创新过程中的伦理要求和责任。同时，加强管理和监督，确保创新活动符合伦理规范和法律法规。此外，鼓励创新与可持续发展相结合，推动可持续创新的发展，为社会和环境带来更多的益处。

总之，食品工程创新必须始终遵循伦理原则和道德要求。我们应该关注食品安全、消费者欺骗、公平竞争和社会责任等伦理问题，并通过加强伦理教育、建立行业准则和推动可持续创新等方式来解决这些问题。只有充分考虑伦理因素，食品工程创新才能提供真正有益于人类社会的产品和解决方案。

参考文献

[1] 张妍. 植物肉面临的挑战及发展前景[J]. 粮食与食品工业, 2024, 31（3）: 38-42.

[2] 代欣欣. 植物肉生产原料、技术及产品特性研究进展[J]. 肉类研究, 2023, 37（8）: 61-69.

[3] 雷瑞鹏, 王福玲, 邱仁宗. 当代生命伦理学研究[M]. 北京: 中国社会科学出版社, 2022.

[4] 邓安庆. 斯多亚主义与现代伦理困境[M]. 上海: 上海教育出版社, 2023.

[5] 张贵红. 科技伦理[M]. 合肥: 中国科学技术大学出版社, 2023.

[6] 张卫. 内在主义技术伦理学研究[M]. 北京: 人民出版社, 2023.

[7] 任继周. 中国农业伦理学导论[M]. 北京: 中国农业出版社, 2018.

[8] 胡庆澧, 陈仁彪, 张春美. 基因伦理学[M]. 上海: 上海科学技术出版社, 2009.

参考案例1 植物肉替代品的伦理挑战

近年来，随着环保和健康意识的崛起，植物肉成为食品工程创新的热门领域之一。植物肉是利用植物材料制造的肉类替代品，具有与动物肉相似的口感和营养组成，但对环境友好和动物福利无害。然而，植物肉的创新也带来了伦理挑战。以下是一个与植物肉相关的伦理案例。

在某食品公司的研发团队中，研发人员提出了使用分子生物等技术来改良植物肉的品质和产量的设计方案。这项创新被认为可以有效解决生产成本高和供应不足的问题，并且有望进一步改善植物肉的营养价值和口感，提供更好的肉类替代品选择。

然而，这个提案引发了一些伦理和道德的争议。一部分人担心经过新技术改良后可能对人体健康产生潜在风险，也有一些人对转基因技术持有负面观点，担心它会对环境和可持续性产生负面影响。此外，还有人担心转基因植物的产地和供应链可追溯性问题，以及可能引发的专利权争议。

面对这些伦理挑战，食品工程师和公司管理层应该认真考虑和回应。他们应该对植物肉的加工新技术进行全面的风险评估和安全性检测，确保其对人类健康和环境无害。同时，应该保护植物肉的知识产权，并确保供应链的透明度和可追溯性，以消除消费者对食品安全和真实性的疑虑。

此外，为了避免伦理和道德问题的负面影响，食品工程师和公司管理层应该加强社会沟通和教育，向公众和利益相关者解释植物肉的优势和风险，并鼓励公众参与和了解食品工程创新的过程。通过透明的沟通和开放的讨论，可以增加公众对植物肉的理解并建立起消费者的信任。

另外，政府和监管机构也应该参与其中，制定相关的法律法规和标准，确保植物肉的质量和安全，以及转基因食品的监管措施。这样一来，可以为食品工程师提供清晰的指导和要求，保证创新在合乎伦理的框架内进行。

在植物肉替代品这个案例中，食品工程创新面临了伦理和道德的挑战。通过科学实验证据的收集和透明沟通，食品工程师和公司管理层可以回应这些挑战，并确保创新的健康、可持续和伦理性。伦理意识和社会责任应该成为食品工程创新的重要考量因素，以确保能够真正造福人类社会。

参考案例2　基因编辑的伦理挑战

基因编辑技术是食品工程创新中的一项重要科技突破，它可以通过修改生物体的基因组来创造出具有特定特性的农作物或食品原料。然而，基因编辑的应用也引发了一系列伦理挑战。以下是一个与基因编辑相关的伦理案例。

在国外某食品公司的研发项目中，研究人员使用基因编辑技术对某作物进行改良，以增加其抗虫能力和产量。这项创新被认为可以帮助农民降低农药使用量，增加农作物收成，并提供更加可持续和健康的食品选择。

然而，这个基因编辑项目引发了社会和伦理上的争议。一些人对基因编辑技术持怀疑态度，担心可能引发未知的生态风险和基因流失问题。此外，还有人担心基因编辑的滥用和潜在的人类健康风险，以及对传统农作物品种的影响。

面对这些伦理挑战，食品工程师和公司管理层应该认真考虑和回应。他们应该对基因编辑的风险进行全面的评估，确保基因编辑的农作物在环境和人类健康方面没有任何潜在风险。此外，应该经过充分的研究和测试，确保基因编辑的作物没有对传统农作物品种造成不可逆的破坏。

在这种情况下，食品工程师和公司管理层还应该加强社会沟通和教育，向公众和利益相关者解释基因编辑的原理、风险和潜在好处。通过透明的沟通和开放的讨论，可以增加公众对基因编辑技术的理解并建立起消费者的信任。

政府和监管机构也应该参与其中，制定相关的法律法规和标准，确保基因编辑的农作物符合安全性和质量标准，并遵循伦理原则。这样一来，可以为食品工程师提供清晰的指导和要求，保证创新在合乎伦理的框架内进行。

此外，食品工程师和公司管理层还需要考虑可持续性和社会公正方面的伦理问题。尽管基因编辑的农作物可能具有一些优势，但它们也可能引发资源不平等和社会分化的问题。食品工程师应该确保基因编辑技术在贫困地区和农民群体中的可获得性，以及减少对耕地和水源等资源的过度依赖。

食品工程创新中的基因编辑面临着伦理挑战。食品工程师和公司管理层应该积极回应这些挑战，采取措施确保基因编辑的农作物的安全性、质量和可持续性。重视伦理意识、持续进行风险评估、增加社会沟通和教育，以及遵守相关法律法规和标准，都是解决这些伦理问题的有效途径。通过这些努力，食品工程创新可以在实现人类福祉和可持续发展的同时，保护生态环境和确保食品安全。此外，还需考虑社会公正和平等，以确保所有人都能分享食品工程创新带来的好处。

 思考与讨论

  1. 基因编辑技术在食品工程中的应用是否符合伦理原则？我们该如何平衡创新的益处和潜在的风险？

  2. 食品工程师在创新过程中是否充分考虑了动物福利？我们该如何确保食品工程创新不对动物造成不必要的伤害？

  3. 如何平衡消费者的知情权与商业机密之间的伦理关系？制造商是否有责任向消费者提供准确、清晰和透明的食品信息？

  4. 食品工程创新如何在不妨碍传统农作物品种和农民权益的前提下，实现可持续发展？我们应该如何确保创新技术对土地、水源和生态环境的影响可控且可持续？